KB117700

로봇, 너 때는 딸이야

로봇, 너 때는 말이야

지은이 정동훈
펴낸이 임상진
펴낸곳 (주)넥서스

초판 1쇄 인쇄 2022년 4월 15일
초판 1쇄 발행 2022년 4월 20일

출판신고 1992년 4월 3일 제311-2002-2호
10880 경기도 파주시 지목로 5
Tel (02)330-5500 Fax (02)330-5555

ISBN 979-11-6683-254-3 44500

www.nexusbook.com

청소년 미래 생존 프로젝트 - 4

로봇,

정동훈 지음

4차 산업혁명 디지털 전환이 만들어낸 존재

인간을 재현하고, 인간을 대신한다

로봇과 함께 생활하게 될 MZ세대의 라이프 스타일

▶ 유튜브 와 함께 보는 청소년을 위한 로봇 이야기

너 때는 말이야

넥서스

디지털 트랜스포메이션 시대의
주인공이 될 석현과 석찬에게
이 책을 바칩니다.

PROLOGUE

디지털 트랜스포메이션 시대의 주인공인 여러분을 위한 이야기

　　미디어커뮤니케이션학부 교수로 재직 중인 저는 전공 때문에 다양한 콘텐츠를 접합니다. 다행히 영상 콘텐츠를 시청하는 것을 좋아해서, 심지어 '짤'을 보면서도 제가 아는 지식을 이러한 콘텐츠를 통해 설명하면 좋겠구나 하고 '덕업일치'의 행복감을 맛보기도 하죠. 특히 저는 테크놀로지를 공부하다 보니, 유튜브를 통해 전 세계에서 소개되는 새로운 테크놀로지를 찾아보고, 테크놀로지가 개인과 사회에 영향을 미친 사건이 있는지 조사합니다. 이러한 이유 때문에 저는 공상과학(Sci-Fi) 영상을 좋아합니다. 전공인 테크놀로지를 좋아하는 영상을 통해 공부하니 꿩 먹고 알 먹고, 일석이조(一石二鳥)인 셈이죠.

디즈니플러스와 넷플릭스 같은 OTT 플랫폼은 공상과학 영상의 보고(寶庫)입니다. 〈아이언맨〉에서 〈이터널스〉까지 마블(Marvel) 시리즈로 나오는 모든 영화와 드라마는 테크놀로지의 미래를 공부할 수 있는 최고의 영상 콘텐츠죠. 넷플릭스에도 〈그녀, 안드로이드〉, 〈러브, 데스+로봇〉, 〈로스트 인 스페이스〉, 〈시간여행자〉, 〈익스팅션: 종의 구원자〉, 〈3%〉 등 많은 공상과학 영화가 있습니다. 혹시나 저와 같은 관심사를 갖고 계신 분들은 이러한 영상을 통해 공부하는 것을 적극 추천합니다.

저는 넷플릭스에 있는 〈블랙 미러(Black Mirror)〉를 최고의 공상과학 시리즈물로 꼽습니다. 지금 우리가 사용하는 다양한 테크놀로지가 미래에 어떤 식으로 발전되고 개인과 사회에 영향을 미칠 수 있을지 보여 주며 큰 울림을 주기 때문입니다. 모든 에피소드가 그 나름의 생각거리를 던져 주지만, 이번 책과 관련해서는 특히 시즌 2의 첫 번째 에피소드인 '돌아올게(Be Right Back)'가 할 이야기가 많을 것 같습니다.

이 에피소드는 교통사고로 죽은 남편 애쉬(Ash)가 안드로이드(Android: 지능과 행동이 인간과 똑같은 로봇)로 환생하며 발생하는 일을 그린 이야기입니다. 말이 안 되는 이야기 같지만, 우리는 늘 이런 상황을 상상합니다. 한번 구체적으로 생각해 보죠. 죽은 사람을 환생시키기 위해 뭐가 필요할까요? 먼저 그 사람과 똑같이 생긴 외모의 인형이 있어야겠죠. 사실 실제 인물과 외모를 똑같이 만든 인형의 사례는 오래전부터 있어 왔습니다. 대표적인 예가 밀랍 인형 박물관인 마담 투소(Madame Tussauds)죠. 전 세계 주요 도시나 관광지에 있는 마담 투소에 가면 키와 얼굴, 옷차림, 심지어 피부의 주름까지 정말 똑같이 생긴 유명인의 인형을 볼 수 있습니다.

자, 그러면 외모는 해결됐습니다. 그런데 인형은 사람처럼 움직이지 않죠. 움직이는 인형을 만들어야 하는데 이 기술이 쉽지 않습니다. 두 다리로 걷는 것은 더군다나 더 어렵죠. 사람처럼 자연스럽게 행동하는 인형을 만들어야 하는데, 아직까지 이 기술은 숙제로 남아 있습니다.

그렇다면 이번에는 사람의 특징을 규정하는 심리적 속성을 알아볼까요? 죽은 사람이 어떤 사람인지 알기 위해서는 그 사람이 이제까지 어떤 말과 행동을 했는지 알아보는 것이 좋은 방법이겠죠. 그래서 이 에피소드에서는 애쉬가 소셜미디어에 남긴 글, 이메일 등 인터넷에 남긴 모든 정보를 수집합니다. 가령 페이스북에 남긴 글이나 유튜브에 업로드한 영상을 마치 우리가 뇌에 저장하듯이 클라우드에 저장한 후에 인공지능으로 분석합니다. 애쉬가 살아 있다면, 특정 상황에서 이러한 말을 할 것이라는 판단을 하는 것이죠.

단지 말로 하는 소통뿐만이 아닙니다. 음식을 먹는 영상을 유튜브에 올렸다면, 음식을 먹을 때의 행동 패턴을 분석해서 그대로 따라 할 수도 있겠죠. 행동은 인간 심리의 반영입니다. 똑같은 상황에서 사람마다 다른 행동을 보이는 것은 바로 이러한 심리적 성향이 다르기 때문이죠. 그래서 사람의 행동을 찍은 영상 콘텐츠가 많아진다면 걸음걸이, 손짓, 몸짓 등 그 사람만의 독특한 행동 패턴을 분석할 수 있습니다. 특정 상황에서 하는 행동을 그대로 반영할 수 있는 거죠.

앞서 출판된 〈너 때는 말이야〉 시리즈에서 몇 차례 다루었지만, 인공지능 알고리즘이 정교하게 작동하기 위해서는 질 좋은 데이터가 많아야 합니다. 질 좋은 데이터의 의미를 이 에피소드에서 정의한다면, 애쉬를 잘 드러내는 정보를 말합니다. 다양한 환경에서 애쉬의 말과 행동이 정확하게 많이 녹화됐다면 그만큼 애쉬가 특정 상황에서 어떠한 행동을 할지 구현하기 쉬울 것입니다.

정리하면 휴머노이드를 만들기 위해서는 움직이는 인형과 자율적으로 판단할 수 있는 지능이 필요합니다. 그리고 '돌아올게'

는 언젠가 미래에 이러한 휴머노이드를 만들 수 있다는 가정으로 만든 에피소드입니다. 이 에피소드가 전하는 메시지는 간단하지만 많은 생각거리를 줍니다. 만일 지금 이 시점에서 휴머노이드를 만들 수 있는 기술이 있다면, 여러분은 죽은 사람을 휴머노이드로 만들어 환생시키시겠습니까? 얼핏 생각해 보면 사랑하는 사람을 영원히 내 옆에 둘 수 있다는 것은 꽤나 매력적으로 들립니다. 그러나 정말 이게 좋은 결과만 가져올까요?

'돌아올게'는 이러한 문제를 던지는 것으로 마무리합니다. 우리가 스스로 생각해 보라는 것이죠. 〈블랙 미러〉 시즌 4의 여섯 번째 에피소드인 '블랙 뮤지엄(Black Museum)'은 이러한 문제가 실제로 발생되는 사례를 다룬 에피소드이니 관심 있는 분들은 한번 시청해 보시기 바랍니다.

1권 미디어, 2권 메타버스, 3권 인공지능에 이어 〈너 때는 말이야〉 시리즈 4권은 디지털 트랜스포메이션 시대에 우리 인간과 공존할 로봇에 대해서 다양한 사례를 통해 설명하고 있습니다. 단지 로봇의 개념과 쓰임새에 머무는 것뿐만 아니라, 로봇으로 인해 발생할 수 있는 다양한 문제점과 인류에게 닥칠 새로운 고민거리 그리고 생각해 볼 만한 내용을 제시하고 있죠. 또한 로봇이 단지 공학에 한정된 분야가 아니라 인문, 사회, 문화 등 다양한 전공 분야에 걸친 복합 학문 분야임을 밝힘으로써, 각기 다른 배경을 가진 여러분이 로봇 분야에서도 얼마든지 훌륭한 전문가가 될 수 있다는 것을 알려 드리고자 합니다.

이전 시리즈에 이어 이번 책도 MZ세대의 눈높이를 맞추기 위해, 여러분 또래인 박지원, 박지인, 송승민, 이소담, 인진수, 임현정, 조한솔, 최수영 학생이 책의 모든 내용을 꼼꼼하게 읽고 MZ세대에게 적합한 단어, 문장, 예시를 사용하도록 도와줬습니다. 이 책이 나올 수 있도록 많은 도움을 준 친구들에게 헤아릴 수 없는 고마운 마음을 전합니다.

이 책은 제 두 아이인 고등학생 석현이와 중학생 석찬이 그리고 제가 가르치는 학생들에게 제가 평소에 한 이야기를 모은 글입니다. 아이들과 집에서 한 이야기이기도 하고, 수업 시간에 학생들에게 한 강의이기도 합니다. 제가 할 수 있는 모든 정성과 노력을 이 책에 담아 독자 여러분께 전하고 싶습니다.

부디 이 책을 통해 여러분이 새롭게 펼쳐질 디지털 트랜스포메이션 시대의 주인공이 되기를 간절히 바랍니다. 고맙습니다.

정동훈

차례

▶ PART 2
로봇이 이런 일도 한다고요?

▶ PART 3

로봇, 우리 친구 할래?

▶ PART 4 영화 〈터미네이터〉,
현실이 되지 않으려면?

본문의 QR코드를 통해
동영상 보는 법

1. 스마트폰에 QR코드를 볼 수 있는 앱을 설치하십시오.
   또는 다음이나 네이버 앱에서도 QR코드를 읽을 수 있습니다.

네이버 앱 사용법

① 네이버 앱을 실행합니다.
② 검색창을 터치합니다.
③ 오른쪽 하단에 있는 카메라 모양의 아이콘을
   터치합니다.
④ 카메라가 켜지면 아랫 부분에 'QR/바코드'가
   있는데, 이 부분을 터치합니다.
⑤ 책에 있는 QR코드를 비춥니다.

다음 앱 사용법

① 다음 앱을 실행합니다.
② 검색창 오른쪽에 보면 아이콘이 있습니다.
　 아이콘을 터치하세요.
③ 검색창 밑에 네 개의 아이콘이 뜨는데,
　 이 중 '코드검색'을 터치하세요.
④ 책에 있는 QR코드를 비춥니다.

2. 영어 동영상의 경우 동영상 창에서
　 '설정 ◑ 자막 ◑ 영어(자동생성됨)
　 ◑ 자동번역 ◑ 한국어 선택'을 설정하면
　 한국어 자막을 볼 수 있습니다.

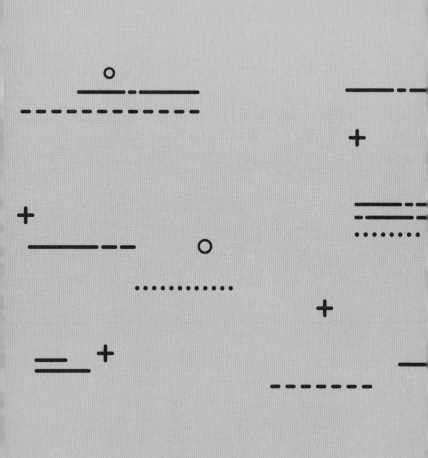

PART 1

하드웨어와
소프트웨어의
종합 완결판,
로봇

인공지능 없는 로봇은
2% 부족해

▷ BTS의 새로운 멤버를 소개합니다. 그 이름은 스팟!

여러분이 잘 알다시피 현대차 그룹은 자동차를 만드는 기업입니다. 그런데 현대차 그룹은 지난 2021년 6월에 로봇을 만드는 보스턴 다이내믹스(Boston Dynamics)를 인수했습니다. 자동차 기업이 로봇 회사를 인수한다? 왜 이런 결정을 내렸을까요? 자동차가 로봇으로 변신하는 '헬로 카봇'이라도 만들려는 것일까요?

현대차 그룹이 보스턴 다이내믹스를 인수한 이유는 로봇을 자동차와 더불어 미래의 새로운 먹거리 산업으로 키우기 위해서입니다. 〈너 때는 말이야〉 시리즈 제5권 '자동차' 편에서 더 자세히 설명하겠지만, 현대차 그룹은 향후 비즈니스 영역을 세 개의 축, 즉 자동차, 로봇 그리고 도심 항공 모빌리티(Urban Air Mobility: UAM)로 재편하려고 합니다. UAM은 쉽게 말해서 하늘을 나는 자동차라고 생각하면 됩니다.

이 모든 것을 일컬어 '모빌리티(mobility)'라고 이야기합니다. '이동성'이라는 단어가 있음에도 굳이 영어로 모빌리티라는 용어를 쓰는 이유는 이 단어가 지닌 새로운 가치 때문입니다. 바로 ICT 기술을 적극적으로 적용함으로써 이동에 새로운 의미를 부여하는 것이죠. 현대차 그룹은 자동차, 로봇, UAM을 통해 미래형 모빌리티 사업을 꿈꾸고 있습니다. 그렇다면 모빌리티에서 로봇의 역할은 무엇일까요?

로봇은 일반적으로 산업용 로봇, 즉 공장에서 무엇인가를 만드는 기계로 인식됩니다. 그러나 로봇은 이미 공장을 벗어나, 다양한 곳에서 인간을 대신해 위험하고 지루한 작업을 수행하고 있습니다. 깊은 바닷속이나 머나먼 우주처럼, 이전에는 가지 못했던 곳들을 탐사할 수 있게 된 것도 로봇 덕분이죠. 기술의 발달은 로봇에게 더 많은 역할을 부여하고 있습니다. 대표적인 예가 이동성입니다. 바퀴나 다리를 갖게 되어 이동을 할 수 있게 된 것이죠. 보스턴 다이내믹스는 세계 최고의 로봇 모빌리티 기술력을 보유하고 있습니다.

유튜브 영상을 한번 보실까요? 보스턴 다이내믹스가 만든 로봇 스팟(Spot)이 BTS와 함께 노는 영상입니다. BTS의 히트곡인 '작은 것들을 위한 시'에 맞춰 춤을 따라 하는 스팟의 모습이 너무나 자연스럽죠. 스팟과 즐거운 시간을 보내는 BTS의 모습을 보니, 언젠가 우리도 로봇과 함께 뛰노는 모습을 상상하게 됩니다.

BTS와 함께 춤을 추는 로봇 스팟

이제 로봇은 공장에서만 볼 수 있는 기계가 아닙니다. 카페나 레스토랑 등 우리가 생활하는 공간 어디에서든 만날 수 있죠. 우리는 로봇의 도움으로 노동력을 절감할 수도 있고, 위험하거나 더러운 일을 맡길 수도 있습니다. 인간 혼자서 할 때보다 더 효과적이면서도 효율적으로 결과를 만들어 낼 수 있죠. 인간과 로봇이 일상에서 공존하는 시대가 온 것입니다.

인간과 로봇이 한 몸이 되기도 합니다. 옷처럼 입을 수 있는 웨어러블 로봇을 착용하면, 하반신을 사용하지 못하는 장애인도 걸을 수 있고 무거운 물건을 쉽게 들 수도 있습니다. 이전에는 하지 못했던 활동을 가능하게 만들고, 과거에는 가지 못했던 곳을 갈 수 있게 도와주는 거죠.

인간의 한계를 극복하게 만드는 웨어러블 로봇

특히 로봇 기술은 각각의 부품을 완벽하게 제어해야 하는 것은 물론, 주변 상황 변화를 즉각 감지하고 대응하는 기술이 복잡하게 융합되므로 자율 주행 자동차가 요구하는 기술과 동일한 특징을 갖고 있습니다. 모빌리티란 이름으로 시너지가 발생할 수 있겠죠? 로봇이 이동성을 갖추게 되었기 때문에 제조에서 운송으로 그 활용 영역이 확장될 것입니다. 간단한 안내와 지원, 공사 현장에서는 안전 점검, 재난 상황에서의 구호 활동, 개인 비서 업무를 비롯하여 안전, 치안, 보건 등 물류와 서비스 및 공공 영역에서 서비스용 로봇의 수요는 향후 많이 증가할 것으로 예측됩니다.

로봇의 미래는 인공지능의 발전과 밀접하게 연관되어 있습니다. 이 책에서는 로봇이 일상생활에서 우리와 어떻게 공존할지 다양한 사례를 통해 설명하려고 합니다. 이 책을 모두 읽고 나서 여러분이 관심 있는 분야에 로봇을 어떻게 적용하면 좋을지, 또는 관심 있는 분야를 로봇에 어떻게 적용하면 좋을지 한 번 상상해 보는 것도 좋을 것 같습니다.

▶ 카톡으로 대화하는 사람이 로봇이라고?

전 세계 많은 사람이 어릴 때부터 로봇의 존재를 잘 알았을 겁니다. 만화나 영화에서 로봇은 인기 있는 주제였기 때문이죠. 〈우주소년 아톰〉을 시작으로 〈철인 28호〉, 〈마징가 Z〉, 〈그랜다이저〉, 〈태권브이〉를 거쳐 〈트랜스포머〉, 〈터미네이터〉, 〈또봇〉,

〈헬로 카봇〉, 최근에는 〈용갑합체 아머드 사우루스〉까지 로봇 만화와 영화의 역사는 장구합니다.

화려하게 변신하고, 싸움에 능하면서, 심지어 인간과 교감할 수 있는 감정까지 지닌 로봇의 존재는 어린나 어른 할 것 없이 많은 사람에게 꿈의 대상이었습니다. 우리가 잘 인식하지 못하지만, 로봇은 이미 많은 곳에서 사용되고 있습니다. 다만 만화나 영화에서 우리가 친숙하게 봐 왔던 로봇은 서비스용 로봇인데 비해, 현실에서 많이 사용되는 로봇은 산업용 로봇이라는 차이가 있을 뿐입니다.

우리가 로봇을 이야기할 때 그려지는 모습은 사실 만화와 영화에서 만들어 낸 상상물입니다. 언젠가 구현 가능할 날이 오겠지만, 상용화되려면 최소한 수십 년은 걸릴 것입니다. 자, 그러면 로봇이 무엇인지 알아보는 것부터 시작해 볼까요?

이것도 로봇일까요? 물류 창고에서 인간을 대신한 로봇

국제 로봇 연맹(International Federation of Robotics: IFR)은 로봇을 산업용 로봇과 서비스용 로봇으로 구분하고 있습니다. 학문적으로 보면 처음에 로봇은 산업용 로봇으로 정의됐습니다. 로봇이 처음 제작됐을 때는 비산업용 로봇을 제작할 수 있는 능력이 없었기 때문이죠. 서비스용 로봇은 나중에 기술이 발전하면서 새롭게 등장한 정의입니다.

국제 로봇 연맹에 따르면 산업용 로봇은 자동제어가 되고 재프로그래밍이 가능한 세 개 이상의 다목적 축을 가진 조정장치로 정의됩니다(International Federation of Robotics, 2021a). 조금 어렵죠? 이제부터 쉽게 설명해 보겠습니다.

산업용 로봇은 크게 네 개의 중요한 키워드를 포함합니다. 먼저 자동제어(automatically controlled)는 사전에 프로그래밍된 대로 움직이는 것을 의미합니다. 무거운 철판을 들어 옮기기 위해서는 원래 장소와 목적지를 사전에 정확히 입력해야 하고, 철판을 어떻게 들어서 움직일지 명령해야겠죠. 인간이 이런 명령어를 입력한 후에야, 로봇은 비로소 인간이 일일이 지시하지 않아도 알아서 명령대로 움직인답니다. 이것을 자동제어라고 합니다.

재프로그래밍(reprogrammable)은 프로그래밍을 통해서 물리적 변형 없이 로봇이 작동될 수 있게 하는 것입니다. 새로운 작업을 하기 위해서 새로운 로봇을 도입할 때도 있지만, 이동 위치를 조금 다르게 해야 한다고 해서 로봇을 뜯어서 재조립한다면 시간과 비용이 많이 들겠죠. 그래서 단지 프로그래밍, 즉 명령 입력만으로도 로봇이 다르게 움직일 수 있도록 만드는 것을 재프로그래밍이라고 합니다.

마지막으로 축(axis)과 조정장치(manipulator)는 한꺼번에 설명할 수 있는데, 인간의 팔과 같은 역할을 하는 도구라고 생각하면 됩니다. 세 개 이상의 축이라는 의미는 세 번 이상 굽힐

수 있는 팔(관절)로 생각해도 됩니다. 예를 들어 우리의 팔을 생

각해 보죠. 우리의 팔은 크게 세 부분으로 나눌 수 있습니다. 손가락에서 손목, 손목에서 팔꿈치 그리고 팔꿈치에서 어깨, 이렇게 세 부분은 자유롭게 움직일 수 있죠? 이것을 3축이라고 합니다. 물론 손가락까지 포함하면 더 자유롭게 움직일 수 있으

축의 숫자가 높을수록 인간처럼 정교하게 움직일 수 있습니다

니 축의 숫자가 늘어나겠죠. 로봇 역시 더 정교하게 움직이려면 바로 이 축의 숫자를 늘리면 됩니다. 대체로 산업용 로봇은 4~6축의 조정장치를 갖고 있습니다.

서비스용 로봇은 이해가 다소 쉽습니다. 서비스용 로봇은 산업 자동화 애플리케이션을 제외한 인간 또는 장비에 유용한 작업을 수행하는 로봇을 말합니다(International Federation of Robotics, 2021b). 쉽게 얘기하면 공장에서 사용하는 것이 아닌 우리의 일상생활에서 사용하는 로봇이라는 의미죠. 서비스용 로봇은 그 사용 목적에 따라 개인 서비스용과 전문 서비스용 로봇으로 나눌 수 있습니다. 개인 서비스용 로봇은 말 그대로 한 개인을 위한 로봇을 의미합니다. 청소, 요리, 병간호, 오락용 로봇이 모두 여기에 속하죠. 반면 전문 서비스용 로봇은 불특정 다수에게 서비스를 제공할 목적으로 만든 로봇입니다. 집에 있는 청소 로봇이 개인 서비스용 로봇이라면, 공항이나 대형

건물에서 청소하는 로봇은 전문 서비스용 로봇이죠. 경비, 감시, 안내, 지뢰 제거, 인명 구조 등 상업적 또는 공공적 목적으로 전문적인 작업을 수행하는 로봇이 여기에 속합니다.

그런데 앞에서 설명한 산업용 로봇과 서비스용 로봇 외에도, 일반적으로 사용되는 용어로서의 로봇은 더 넓은 의미를 갖습니다. 프로그래밍이 된 대로만 움직이는 기계나 Part 2에서 설명할 웨어러블 로봇인 외골격 로봇도 로봇으로 불리죠. 기계와 로봇의 경계가 불분명하게 쓰이는 예입니다. 심지어 컴퓨터 프로그램에도 로봇이란 용어가 붙습니다. 〈인공지능, 너 때는 말이야〉에서 다루었던 챗봇(chatbot)을 기억하시나요? 채팅하는 로봇이란 의미인데, 쉽게 말해서 대화하는 인공지능 기계라고 생각하면 됩니다.

이렇게 로봇은 다양한 분야에서 사용되고 있고 앞으로 그 쓰임새는 더 확대될 것입니다. 로봇이 어떤 분야에서 어떻게 쓰이는지 구체적인 사례를 통해 계속 설명하겠습니다.

▶ 로봇의 핵심, 제어 + 센서 + 구동

생각해 보면 로봇은 참 신기한 물건입니다. 기계 덩어리에 불과한 것이 어떻게 사람의 손이 닿지 않아도 스스로 무거운 것을 자유자재로 들기도 하고, 사람처럼 움직이기도 하며 심지어 사람과 대화할 수도 있는 걸까요?

로봇을 연구하는 분야를 로보틱스(robotics)라고 합니다. 로봇공학이라고도 하죠. 로보틱스 연구 분야를 살펴보면 로봇의 작동 원리를 이해할 수 있을 것 같은데요. 이 분야에는 컴퓨터 과학, 전기, 메커트로닉스(기계공학+전자공학), 계측, 인공지능 등 하드웨어와 소프트

로봇의 작동원리

웨어가 모두 연계돼 있습니다. 이 책에서 이것을 모두 설명하는 것은 불가능할 뿐만 아니라, 책의 목적과도 맞지 않습니다. 로봇의 작동 원리를 알기 위해서는 많은 용어와 기술을 이해해야 하지만, 여기에서는 핵심적인 요소만 간단하게 알아보도록 하겠습니다.

로봇을 이해하기 위해서는 크게 제어, 센서, 그리고 구동을 알아야 합니다. 먼저 로봇을 움직이게 하려면 명령 체계가 필요합니다. 고정된 상태로 무거운 것을 들든지, 기계 자체가 움직이든지, 로봇은 어쨌거나 움직임이 필수인데 그냥 움직일 수는 없겠죠?

여러분은 인간이 어떻게 움직이는지 생각해 본 적 있나요? 우리는 어떻게 움직일까요? 아마도 그 출발점을 뇌로 생각할 수 있겠죠. 로봇도 역시 뇌가 필요합니다. 우리는 뇌의 명령에 따라 움직이는데 이것을 제어라고 합니다. 짐작하다시피 로봇에서는 바로 컴퓨터가 이 역할을 하게 됩니다. 컴퓨터는 입출력장

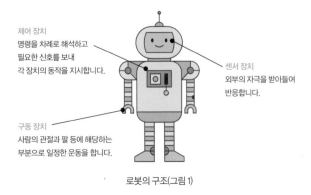

제어 장치
명령을 차례로 해석하고
필요한 신호를 보내
각 장치의 동작을 지시합니다.

센서 장치
외부의 자극을 받아들여
반응합니다.

구동 장치
사람의 관절과 팔 등에 해당하는
부분으로 일정한 운동을 합니다.

로봇의 구조(그림 1)

치, 중앙처리장치(CPU), 기억장치(ROM, RAM, HDD, SSD), 그래
픽 카드(GPU) 등의 하드웨어와 이를 구동하게 하는 운영 체계
(Operating System)가 필요합니다.

로봇도 마찬가지입니다. 컴퓨터 기능이 고스란히 로봇이란
기계에 담겨 있다고 생각하면 됩니다. 운영 체계는 로봇에 적합
한 로봇 운영 체계(Robot Operating System: ROS)를 사용하는
데, ROS에서는 Lisp, 파이썬, C/C++과 같은 컴퓨터 언어가 사
용됩니다. 이와 같은 프로그래밍 언어를 배우고 ROS를 익힌다
면, 로봇 프로그래머가 될 수도 있겠죠.

제어부에는 무선통신 기술도 빼놓을 수 없습니다. 컴퓨터를
사용하기 위해 무선통신은 필수죠. 필요한 정보를 모두 컴퓨터
에 저장하는 사람은 거의 없을 테니까요. 자료를 찾기 위해서

구글링을 하고, 영화를 보기 위해 스트리밍 서비스를 이용할 때도 바로 이 무선통신이 필요하답니다. 로봇 역시 필요한 정보를 모두 입력시키는 것이 아니라 통신망을 통해서 정보의 입출력을 수시로 하게 되는 것이죠. 그래서 무선통신은 로봇에게도 매우 중요한 기술입니다.

다음은 외부의 신호를 읽는 장치가 필요하겠죠. 우리가 보거나 듣는 것이 바로 외부의 신호를 읽는 것입니다. 바로 센서가 이러한 역할을 하게 되는 거죠. 센서는 사람의 눈과 코, 귀와 같이 감각을 인지하는 역할을 합니다. 로봇은 센서 덩어리입니다. 센서를 통해서 외부 신호를 읽고 이를 분석해서 판단하기 때문이죠. 대표적인 예가 빛 감지 센서입니다. 광센서나 적외선 센서 같은 빛 감지 센서는 눈의 역할을 합니다. 빛을 비추어 반사되는 신호를 분석해 공간을 인식하죠. 앞에 장애물이 있는지, 있다면 어느 정도 떨어진 거리에 있는지를 알 수 있습니다. 자율주행 자동차나 로봇이 움직이는 데 빛 감지 센서가 핵심 역할을 하는 셈이죠.

다음은 구동입니다. 구동은 말 그대로 움직임을 말합니다. 로봇이 움직이기 위해 가장 중요한 게 일종의 모터 역할을 하는 액추에이터(actuator)입니다. 직선으로 움직이거나 회전하는 등 조정장치를 움직이는 일종의 근육 같은 것이죠. 액추에이터는 로봇의 축마다 들어가게 되므로, 축을 얼마나 많이 사용하는지에 따라 조정장치의 움직임도 보다 정교해질 수 있습니다. 이것을 자유도(Degree of Freedom: DoF)라고 합니다. 자유도가 높아질수록 당연히 구동이 더욱 세련되고 정교화되겠죠? 전기나 오일, 압축 공기 등과 같은 에너지를 통해 액추에이터가 움직이게 되고, 이것을 바로 로봇이 움직인다고 표현할 수 있겠죠. 전기적 에너지를 기계적(힘) 에너지로 얼마나 효율적으로 변환시키느냐에 따라 강한 로봇을 만들 수 있게 됩니다.

▶ 자동 로봇이 아닌 자율 로봇을 향해

다음의 QR코드를 통해 먼저 동영상을 보고 오시겠어요?

공장을 지키는 보안 로봇

앞에서 소개한 보스턴 다이내믹스가 만든 로봇인 스팟입니다. 이 영상에서 스팟은 공장을 지키는 안전 요원의 역할을 하고 있습니다. 공장 곳곳을 돌아다니며 혹시 문제가 있는 곳은 없는지 샅샅이 살피고 있습니다. 스팟은 인공지능 기능을 통해 자율적으로 돌아다닙니다.

층계를 올라가고 내려가며, 문을 열기도 하고, 문이 열린 사무실을 발견하면 문을 닫거나 보고합니다. 이상 상태를 모니터링하고, 온도 센서를 통해 적외선 강도를 측정해 접촉 없이 온도를 측정합니다. 공장에서 온도를 측정하는 것은 중요합니다. 기계에서 온도가 상승한다는 것은 이상 신호거든요. 이런 측정을 통해서 문제를 미연에 방지하는 것이죠.

이렇게 로봇은 다양한 기능을 수행합니다. 로봇이 할 수 있는 특징을 정리하면, 먼저 이동성(mobility)을 들 수 있습니다. 스스로 움직인다는 것은 생명체에게만 가능한 능력이었는데, 이제 인간이 만든 기계도 스스로 움직일 수 있게 됐습니다.

두 번째는 감각입니다. 시각, 청각, 촉각, 후각, 미각 등 인간이 갖는 감각 중 로봇은 특히 시청각과 촉각의 특징을 갖습니다. 이러한 능력을 가능하게 만든 것은 역시 센서입니다. 센서는 정보를 수집하는 역할을 합니다. 그리고 수집된 정보를 디지털 신호로 변환시킵니다. 즉 컴퓨터를 통해 정보를 어떤 방식으로든 활용할 수 있게 되는 거죠. 온도 센서를 통해 측정된 온도는 그대로 서버에 전달됩니다. 사전에 입력한 안전한 온도 범위에 있을 경우 아무런 반응이 없을 테지만, 만일 그 범위를 벗어날 경우 이상 탐지 신호로 인식해서 비상 신호가 울릴 것입니다. 그러면 이때부터 사람이나 또 다른 시스템에서 센서가 전한 신호를 분석하겠죠.

물론 이러한 로봇의 탐지는 정교해야 할 것입니다. 그래서 정교함(precision) 역시 로봇의 특징입니다. 옆에 있는 동영상은 분리수거하는 로봇 영상입니다. 이 로봇이 해야 할 일은 물건을 인식한 뒤 들어서 특

분리수거 로봇
Max-AI AQC-1

정 위치에 옮기는 것입니다. 우리가 마시는 음료수를 담은 다양한 페트병을 분리수거하는 로봇인데, 빠르게 돌아가는 컨베이어 벨트에서 이를 고르기가 여간 쉽지 않을 것입니다. 게다가 원형 그대로이기도 하고, 짜부라지기도 한 다양한 모양의 통을 집는 것은 더 어려운 작업이겠죠. 이 때문에 로봇은 정교함을 필수로 합니다.

무엇보다도 최근 로봇에게 기대하는 가장 큰 특징으로는 자율성(autonomy)을 들 수 있습니다. 자율성은 인공지능으로 인해 가능한 능력입니다. 자율성은 자동화(automation)와 다른 용어입니다.

자동과 자율을 구분 짓는 핵심어는 판단과 행동입니다. '자동'은 인간이 사전에 입력한 프로그램대로 작동하는 것을 말합니다. 공장이나 실험실과 같은 제한된 환경에서 인간이 명령한 대로 작동하기 때문에 스스로 판단하거나 행동하는 경우는 있을 수 없습니다. 예를 들어 엑셀 프로그램에 수식을 입력하면 자동으로 우리가 원하는 값을 알려 주는 식이죠.

반면, '자율'은 스스로 판단해서 행동할 수 있는 것을 의미합니다. 자동화의 차원을 넘는 것으로 개방적이면서도 비구조화된 실제 환경에서 인공지능 알고리즘으로 수준 높은 판단을 하고 행동하는 것을 의미합니다. 따라서 로봇은 알고리즘과 센서에 의해 수집된 데이터를 바탕으로 가야 할 곳을 판단하고 움직입니다.

로봇은 기계, 전자, 통신, 소프트웨어 등 많은 분야의 기술이 유기적으로 결합해서 만들어 내는 결정체입니다. 무거운 것을 드는 능력도 중요할 테고, 자유자재로 움직이는 것도 중요하겠지만 무엇보다도 로봇의 성공 여부를 결정짓는 가장 중요한 요인은 인공지능입니다.

DNA가 없으면
로봇도 그저 고철 덩어리

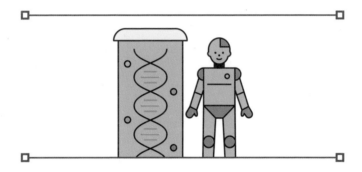

▶ 내가 알던 로봇이 아니야 - 지능형 로봇

처음에 로봇은 공장에서 자동차를 만들고 무거운 물건을 옮기는 등 인간의 노동력을 대신하는 산업용 로봇에 머물렀지만, 이제는 인간과 정서적인 측면에서 상호 작용할 수 있는 소셜 로봇(social robot)으로 발전했습니다. 더 나아가 인간의 친구나 돌봄이 역할을 하는 반려 로봇(companion robot)을 개발하고 있죠. 인류가 궁극적으로 개발하려는 로봇은 지능형 로봇(intelligent robot)입니다. 지능형 로봇은 인간의 통제 없이 자율적으로 감지(sense)하고 생각(think)하며 행동(act)하는 것으로, 쉽게 말해 인공지능이 탑재된 로봇을 말합니다. 앞으로 이 책에서 로봇이라고 할 때는 대체로 이러한 특징을 지닌 지능형 로봇으로 생각하면 좋을 것 같습니다.

로봇의 가장 중요한 특징은 이동성과 자율성입니다. 이동성 은 말 그대로 자유롭게 옮겨 다닐 수 있는 것을 의미합니다. 생 명체가 지닌 고유한 특성이죠. 바로 이러한 특징 때문에 공간의 확장이 가능합니다. 물론 고정되어 있는 로봇도 있습니다. 대개 산업용 로봇으로 사용되는 고정형 로봇은 제조와 같은 전통적 산업 분야에 사용되고 있습니다.

그러나 로봇 분야가 전망이 좋다고 이야기하는 것은 서비스 용 로봇 때문입니다. 일상생활에서 우리의 노동력을 대체하고 인간의 역할을 부여한다면 그 쓰임새가 무궁무진하죠. 이러한 서비스 로봇에게 이동성은 필수입니다. 로봇에게 인간과 같은 이동성을 부여하기까지 많은 시간이 걸리겠지만, 최소한 특정 목적을 달성하기 위한 계획된 이동성은 필수입니다.

식당에서 서빙 로봇을 생각해 볼까요? 주방에서 손님이 앉 아 있는 테이블까지 음식을 가져다주는 로봇은 제한된 공간에 서 사전에 명령된 주행로를 다니기 때문에 상대적으로 구현이 쉬운 편입니다. 그러나 역시 목표는 인간처럼 움직이는 것이겠 죠? 가능한 한 자유롭고 거침없이 이동하게 만들기 위해서 최 근 많은 연구가 진행되고 있습니다.

반면 자율성은 매우 복잡합니다. 자율성은 지능과 관계가 있습니다. 자연스럽게 인공지능과 연계된다는 것을 알 수 있죠. 움직이는 기계에 인공지능 기술을 설치함으로써 '자율적인' 로봇으로 만들 수 있습니다.

로봇을 통해 사랑하는 사람을 부활시킬 수 있다면 당신은 어떤 선택을 할까요?

이때 문제가 발생하게 되죠. 어느 정도의 인공지능이 적절할까요? 만일 기술이 가능하다면 인간과 같은 지능을 부여해도 될까요? 또는 그 이상의 지능을 로봇에게 설치할 수 있다면 그렇게 많은 자율성을 부여해도 괜찮은 걸까요?

로봇은 자율성이라는 특징 때문에 필연적으로 인공지능과 연계될 수밖에 없습니다. 모든 것을 알아서 잘하는 로봇을 기대한다면 그만큼의 지능을 로봇에게 설치하면 됩니다. 실제 우리 주변에 있는 로봇이 영화에서 보던 것처럼 행동하지 못하고 무엇인가 부족해 보인다면, 그 이유는 로봇의 지능이 낮기 때문입니다. 인간의 기술력이 부족하기 때문이죠. 그러나 10년이 지나고 20년이 지나 로봇이 인간에 가까운 지능을 가질 수 있는 때가 된다면 어떻게 될까요? 로봇의 자율성은 인류에게 커다란 고민을 안겨 줄 수도 있을 것입니다.

로봇은 하드웨어는 물론 소프트웨어까지 모두 포함합니다. 따라서 우리가 로봇이라고 할 때에는 단지 겉으로 보는 로봇의 하드웨어만 얘기하는 것이 아니라, 이 로봇을 움직이게 만드는 소프트웨어를 함께 생각해야 합니다. 로봇이 무거운 물건을 옮기는 수준에 머문다면 하드웨어의 문제가 가장 중요하겠지만, 복잡한 동작을 하고 알아서 움직이며 대상별로 개인화된 서비스를 하기 원한다면 인공지능이라는 소프트웨어의 문제입니다. 따라서 결국 로봇의 성공 요인은 인공지능으로 귀결됩니다.

▷ 2족 보행 로봇 vs 바퀴 달린 로봇

보스턴 다이내믹스는 2013년 구글, 2017년 소프트뱅크 그룹에 인수된 후, 2021년 현대차 그룹에 인수됐습니다. 다양하고 혁신적인 로봇을 개발해 전 세계의 주목을 받는 기업이지만, 보스턴 다이내믹스의 2021년 상반기 매출액은 227억 원인 데 반해, 순손실은 872억에 이릅니다. 로봇의 판매는 규제 때문에 쉽지 않은 반면, 가장 앞선 기술을 적용하고 있는 분야이기 때문에 인건비가 차지하는 비율이 높은 탓입니다.

로봇의 미래가 아무리 긍정적이라도 당장 이렇게 적자가 크다면 지속 가능한 사업을 하기가 쉽지 않겠죠? 그렇기 때문에 기업은 매출액을 증가시키면서 동시에 순이익을 내기 위한 다양한 방안을 찾습니다. 최근 보스턴 다이내믹스가 소개한 로봇의 라인업을 살펴보면 이러한 문제점을 어떻게 극복할지 대략 알 수 있습니다.

먼저, 2004년 미항공우주국(NASA), 하버드 대학교 등과 함께 개발한 4족 보행 로봇인 '빅 도그(Big Dog)'는 보스턴 다이내믹스가 자랑하는 운송용 로봇의 대표적 사례입니다. 이후 훨씬 자연스럽고 빠른 움직임을 선보인 '리틀 도그(Little Dog)', '치타(Cheetah)', '스팟' 등을 공개했죠. 4족 보행 로봇의 경우 많은 기업이 개발 중입니다. 우리나라의 네이버랩스에서도 4족 보행 로봇 '미니치타'를 선보였습니다. 특히 중국에서는 웨이란의 '알파독', 화웨이-유니트리의 'A1' 등 많은 스타트업들이 4족 로봇을 개발 중입니다.

보스턴 다이내믹스는 2016년에 사람과 같이 2족 직립 보행

안정적인 움직임을 보이는 2족 보행 로봇 아틀라스

이 가능한 로봇인 '아틀라스(Atlas)'를 선보였는데, 동영상에서 보다시피 움직임이 너무나 자연스럽습니다. 물구나무서기나 공중제비 등 인간도 하기 힘든 고난도 동작을 자유자재로 하다 보니, 로봇의 개발 속도가 매우 빠르다는 것을 확인할 수 있습니다.

2017년부터는 이전과 다르게 당장 기업에서 사용할 수 있

바퀴로 움직이는 핸들

는 로봇을 선보였습니다. 2017년에는 바퀴가 달려 직접 물건을 들고 목적지까지 자율적으로 이동할 수 있는 '핸들(Handle)', 2019년에는 물건을 집어 들고 옮길 수 있

는 물류용 로봇 '픽(Pick)', 그리고 2021년에는 물류 창고 로봇 '스트레치(Stretch)'를 선보이며 로봇 사업의 영역을 넓히고 있습니다.

물류창고 로봇 스트레치

보스턴 다이내믹스의 로봇 라인업을 보면 초기 운송용 로봇과 2족 직립 보행 로봇에서 최근에는 물류 로봇 시장으로 확대한 것을 알 수 있습니다. 이러한 시도는 현재 로봇의 기술 수준과 로봇 도입을 급선무로 하는 분야가 어디인지를 알려 줍니다.

동물이나 인간의 모양을 본떠서 로봇을 만드는 것은 어려운 작업입니다. 인간은 270개의 뼈를 갖고 태어나는데, 성인이 되면 206개로 합쳐집니다. 머리에 29개, 척추에 26개, 가슴에 25개의 뼈가 있어서 이를 합하면 몸통에만 80개의 뼈가 있습니다. 그리고 손에 27개, 발에 26개의 뼈가 있죠. 손과 발이 각각 두 개이니 총 106개의 손발 뼈가 있는 것입니다. 근육과 관절까지 생각하면 더욱 복잡합니다. 세는 방법에 따라 약간씩 다르기는 하나 대체로 650개(많게는 840개)의 근육과 100개 이상의 관절을 갖고 있습니다. 별 쓰임새 없는 것처럼 보이는 엄지발가락은 우리가 걸을 때 반작용의 힘을 받는 가장 중요한 부분입니다. 사람처럼 로봇에게 이러한 뼈, 근육 그리고 관절 역할을 하는 기계 장치를 설치해 움직이게 하는 것은 상상만으로도 어렵다는 것을 알 수 있을 것입니다. 그리고 더 중요한 것은 대체 이러한 인간의 모양을 한 로봇의 쓰임새가 정말 필요한가에 있습니다.

인간의 모습이 자연스럽게 보이는 것은 당연하겠지만, 인간의 모습이 정말 어떤 목적에도 충실한 형상일까요? 한마디로 말하면, 로봇이 굳이 인간처럼 두 발이 있어야 하고 두 발로 걸어 다녀야 할 이유는 무엇일까요? 기술적으로 훨씬 쉬운 바퀴나 궤도를 이용해서 효과적이면서도 효율적인 수단으로 사용할 수 있다면 굳이 보행 로봇이 필요할까요? 이런 점에서 보스턴 다이내믹스는 물류 산업에 적합한 로봇으로 핸들과 스트레치를 만들고 있습니다. 보행 로봇이 더 멋지게 보이기는 하지만, 더딘 기술 개발로 적자가 누적되는 것보다는 더 실용적인 물류 로봇을 통해 수익을 창출하면서 보행 로봇을 개발하는 것이 기업의 지속 가능성 면에서 더 안정적이기 때문이죠.

▷ 사람이 필요 없는 물류 창고

로봇공학은 인지, 제어, 이동 등 다양한 기술이 융합된 고차원적인 산업 분야입니다. 현대차 그룹이 보스턴 다이내믹스를 인수한 데도 단지 로봇 산업을 육성하기 위한 목적만 있는 것은 아닙니다. 로봇의 인지능력을 좌우하는 센싱 기술은 자율 주행차나 UAM 등에 기본적으로 필요한 기술입니다. 로봇의 자율성을 좌우하는 인공지능 역시 판단하고 대응해서 행동해야 하는 중요한 기술이기 때문에 자율 주행차와 UAM에 적용될 것입니다.

무엇보다도 외부 환경 변화에 따라 정밀하게 구동시키는 제어 기술은 향후 완전한 자율 주행 구현에 필수적인 요소죠. 우리가 아직은 UAM의 실체를 보지 못해서 이에 대한 이해가 깊지 못하지만, UAM도 자율 주행으로 진입할 것입니다.

이처럼 로봇 기술은 로봇 자체의 발전을 위해서 중요하기도 하지만, 미래 모빌리티의 필수적 기술이 모두 적용되어 있기 때문에 주변 산업으로의 확장성 면에서도 발전이 더욱 기대되는 분야입니다. 앞서 살펴보았듯이 현대차 그룹은 보스턴 다이내믹스 인수를 계기로 우선 시장 규모가 크고 성장 가능성이 높은 물류 로봇 시장에 진출하고, 건설 현장 감독이나 시설 보안 등 각종 산업 분야에서 지원 역할을 할 수 있는 서비스용 로봇 사업을 진행하려고 합니다. 그 이후에는 자동차와 UAM과 연관된 사업에 시너지를 발생시킬 수 있는 사업을 새롭게 만들려고 하겠죠.

이번에는 로봇을 물류 시장에 주로 투입하려는 배경을 알아보겠습니다. 대체 얼마나 큰 이익이 있기에 로봇을 물류 시장에 먼저 투입하는 걸까요? 2021년 기준, 전 세계에는 약 15만 개 이상의 물류 창고가 있는 것으로 알려져 있습니다(Depreaux, 2021). 면적으로 따지면 약 2,322 km²인데, 제주특별자치도의 면적이 1,849km²라고 하니 얼마나 넓은지 상상이 되죠?

중요한 것은 앞으로 물류 창고의 수는 계속 늘어날 것이라

아마존 물류 창고
에서 일하는 로봇

는 점입니다. 바로 이커머스(e-Commerce)
때문이죠. 이커머스 시장은 매년 큰 폭으
로 성장하고 있습니다. 2020년 기준 약
161조 규모의 시장이 2021년에는 180조
원 이상으로 매년 10% 후반대의 성장을 해
왔습니다. 당장 우리의 소비 행태를 보면 알다시피, 아주 특별한
몇몇 제품을 제외하고는 우리는 주로 앱으로 구매하고 있습니
다. 공산품은 물론이거니와 계란이나 우유와 같은 신선식품도
동네 슈퍼마켓이나 시장이 아닌 쿠팡이나 11번가, 마켓컬리, 오
아시스 같은 온라인 플랫폼 서비스를 이용하죠. 그래서 이런 이
커머스 기업은 인구 밀집 지역 주변에 어마어마한 크기의 물류
창고를 짓습니다. 2019년 기준 쿠팡은 전국에 205개에 달하는
물류 창고를 설치했는데, 이는 축구장 약 400개 규모의 크기로

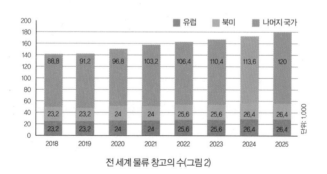

전 세계 물류 창고의 수(그림 2)

국내 인구의 70% 이상이 쿠팡 물류 창고에서 반경 11.3km 내에 거주하는 데다 배송 인력이 1만 5000명에 달한다고 합니다 (안다정, 2021.02.16).

전 세계적으로 물류 창고는 2025년까지 약 18만 개로 늘 것으로 예상하고 있습니다. 이렇게 커다란 물류 창고에 얼마나 많은 물건이 있을까요? 쿠팡의 경우는 하루 배송 물량이 약 300만 건이라고 합니다. 미국의 아마존이나 중국의 알리바바 그리고 징둥닷컴(JD.com)은 더 많죠. 이렇게 많은 물건을 일일이 사람이 움직여서 보관하고, 나중에 또 찾아서 포장한다면 익일 배송이나 당일 배송은 불가능하겠죠?

로봇의 진가는 바로 이때 나타납니다. 로봇은 공장에서 만들어진 물건을 트럭이 창고에 하차할 때부터 움직이기 시작합니다. 어디에 위치할지 사전에 프로그래밍되었기 때문에 알아서 움직인 후, 차곡차곡 쌓아 둡니다. 그리고 주문이 들어오면 로봇이 사람에게 물건을 갖고 오죠. 사람은 물건을 스캔해서 바구니에 놓기만 하면 됩니다. 이후 로봇이 직접 옮기거나, 컨베이어 벨트에 물건을 올려 두면 목적지로 갈 물건들이 한곳으로 모입니다. 그리고 배송지로 출발하게 되는 거죠.

로봇이 더 보급되면 창고 안에서 노동자를 찾아보기 어려운 때가 올 수도 있습니다. 보스턴 다이내믹스의 핸들이나 스트레치의 미래가 바로 노동자 없는 물류 창고니까요.

▶ 자율형 IoT 로봇을 꿈꾸다

앞서 로봇은 산업용 로봇과 서비스용 로봇으로 나누어진다고 배웠죠? 이 두 시장의 현재와 전망을 살펴볼까요? 산업용 로봇 시장은 2021년 약 422억 달러(약 49조 원) 규모에서 2026년에는 753억 달러(약 83조 원)로 성장할 것으로 전망됩니다(Markets and Markets, 2021). 매년 12퍼센트포인트(%P) 이상 증가하는 것으로 폭발적인 성장이라고 불릴 만합니다. 그러나 서비스용 로봇에 비하면 이것은 아무것도 아닙니다.

서비스용 로봇 시장은 2021년 약 362억 달러(약 42.3조 원) 규모에서 2026년에는 자그마치 1,033억 달러(약 120조 원)로 성장할 것으로 전망됩니다. 무려 매년 23퍼센트포인트(%P)가 넘게 증가하는 것입니다. 매년 20퍼센트포인트(%P) 이상 성장하는 산업은 거의 찾아보기가 힘들다는 것을 감안하면 서비스용 로봇 시장은 엄청난 분야입니다. 어마어마한 신성장 산업이라고 볼 수 있죠. 그리고 바로 이것이 여러분이 미래를 계획할 때 로봇 분야에 눈을 돌려야 하는 이유입니다.

서비스용 로봇 시장이 이렇게 큰 성장을 한다는 것은 우리의 일상생활에 로봇이 그만큼 함께한다는 의미입니다. 서비스용 로봇의 성장은 기본적으로 5G 네트워크를 바탕으로 사물인터넷(Internet of Things: IoT)화되는 것과 관련이 있습니다. 로봇 안에 모든 것을 담아 놓고 독립적으로 운영한다고 생각하면 안 됩니다. 이전의 〈너 때는 말이야〉 시리즈에서 지속적으로 강조했지만, 4차 산업혁명 시대는 DNA 시대입니다. 즉 데이터 (Data), 네트워크(Network), 인공지능(AI)이 핵심 기반이 되는 것이죠. 모든 사물은 네트워크로 연결되고 수많은 정보(데이터) 는 서버에서 실시간으로 전송됩니다.

IoT는 세 단계로 발전됩니다. 1단계는 단순히 연결의 의미가 강한 것을 말합니다. '연결형 IoT'라고 하죠. 네트워크로 사물이 연결돼 데이터를 수집하고 그것을 전송해 원격에서 제어할 수 있는 환경을 말합니다. 2단계에서는 '지능형 IoT'로 발전합니다. 그래서 사물 지능(Intelligence of Things)이라고 표현하기도 합니다. 전송한 데이터를 클라우드에서 인공지능이 분석하고 진단한 후 판단을 하는 거죠. 3단계는 '자율형(autonomy) IoT'입니다. 2단계가 클라우드 서버와 데이터 송수신을 통해 결정한다면, 3단계는 에지(edge) 컴퓨팅을 통해 실시간성에 더욱 방점을 찍습니다. 자율 주행 자동차도 결국 3단계 IoT로 발전하는 것과 똑같습니다.

로봇이 사물 인터넷화된다는 의미는 수많은 데이터를 수집한 후, 서버와 실시간으로 커뮤니케이션하면서 판단하고 행동하는 것을 의미합니다. 이렇게 되면 로봇에게 뇌의 역할을 하는 부품은 필요 없겠죠. 가장 근거리에 있는 서버에서 재빠르게 판단해서 명령을 내리면 되니까 로봇의 뇌는 필요 없고 송수신할

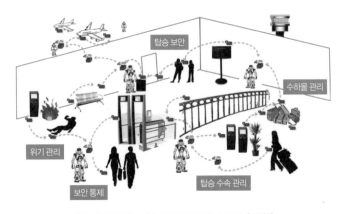

사물 인터넷화되는 로봇. 공항에서 일하는 IoT 로봇(그림 3)
출처: Grieco, et al, (2014)

수 있는 통신 기능만 잘 갖추면 되겠죠. 로봇이 자체적으로 뇌를 갖고 있다는 의미와 뇌가 서버에 있다는 차이를 잘 구분해야 합니다. 로봇이 뇌를 갖고 있어야 한다면 로봇 한 대에 뇌 한 개가 필요하겠지만, 서버와의 통신으로 뇌의 역할을 충분히 할 수 있다면 로봇은 뇌가 필요 없습니다. 그만큼 비용을 아낄 수 있다는 의미입니다.

자율 주행 자동차도 같은 논리입니다. 수많은 센서로 주행 중에 데이터를 모아서 근처에 있는 서버에 보내고, 다른 차들이 보낸 다양한 정보를 실시간으로 받아서 안전 주행하는 거죠. 그렇지 않으면 모든 자동차가 컴퓨터가 되어야 하니까 큰 비용이 듭니다. 비용이 늘면 자동차 가격이 오르고, 가격이 비싸면 대중화는 먼 이야기가 되겠죠. 그래서 가능한 한 빨리 5G 네트워크가 곳곳에 깔려야 하고, 에지 컴퓨팅의 중요성 역시 강조될 수밖에 없답니다.

사물 인터넷화되는 로봇을 이해하니까 왜 서비스용 로봇이 갑자기 큰 성장을 하는지도 이해되죠? 결국 우리 일상생활에서 인간과 함께하는 로봇이 되기 위해서는 단순한 연결의 의미만을 지니는 것이 아니라 점점 지능화되어야 한답니다.

에지 컴퓨팅

클라우드 컴퓨팅은 들어 봤는데, 에지 컴퓨팅은 뭐죠?

에지 컴퓨팅(edge computing)은 클라우드 컴퓨팅(cloud computing)과 상대적 개념의 기술입니다. 에지 컴퓨팅은 낯설어도, 클라우드 컴퓨팅은 많이 들어 보셨죠?

개인용 컴퓨터의 경우 컴퓨터에 하드 드라이브가 있습니다. 한글 작업을 한 파일, 스마트폰으로 찍은 사진이나 영상 자료를 컴퓨터에 저장할 경우 바로 이 하드 드라이브에 저장되는 것이죠. 반면 여러분이 네이버의 마이박스나 카카오의 톡서랍 플러스, 구글 드라이브, 마이크로소프트 원드라이브 등을 사용한다면, 이것이 바로 클라우드 서비스입니다. 클라우드 컴퓨팅 시스템을 활용해서 클라우드 서비스를 한다고 생각하면 됩니다. 이곳에 저장된 파일은 내 컴퓨터 하드 드라이브가 아닌 어딘가에 저장돼 있습니다. 내 컴퓨터 하드 드라이브에는 없지만, 인터넷으로 연결이 되어 있다면 언제 어디에서든 바로 사용할 수 있죠.

클라우드 컴퓨팅은 중앙 집중 방식입니다. 어딘가에 있는 서버에 모든 정보를 모아 두죠. 이렇게 서버를 모아 둔 곳을 데이터 센터라고 합니다. 예를 들어 네이버의 데이터 센터는 국내에는 춘천과 세종시, 국외에는 독일, 미국, 싱가포르, 일본, 홍콩 등에 설치돼 있습니다. 라인에 남긴 챗, 웹툰, 브이라이브 동영상 등이 모두 여기에 저장되어 있습니다.

에지 컴퓨팅은 클라우드 컴퓨팅과 달리 분산형 방식입니다. 즉 곳곳에 서버를 설치한다는 의미죠. 클라우드 컴퓨팅은 중앙 집중 방식이기 때문에 특정 지역에 서버를 모아 둡니다. 네이버의 경우 서울에 사는 사람도, 강원도에 사는 사람도 춘천에 있는 데이터 센터를 통해 정보를 주고받죠. 그렇다면 아무리 기술이 뛰어나다고 하더라도, 내 컴퓨터와 데이터 센터 간에 정보를 주고받는 데 시간이 걸리지 않을까요? 일반적으로 에지 컴퓨팅은 지연 시간이 10ms(ms=1/1,000초)인 반면, 클라우드 컴퓨팅은 100ms라고 말합니다. 겨우 이 정도 차이밖에 없는데 뭐 그리 대단하냐고 말할 수도 있지만, 자율 주행 자동차나 원격 의료에서 지연이 생긴다면 큰 문제가 될 수도 있습니다. 그러므로 서버와의 응답 시간 지연을 최소화하는 것은 매우 중요합니다.

에지 컴퓨팅은 바로 응답 시간을 개선하고 대역폭을 절약하는 데 중요한 역할을 합니다. 쉽게 이야기하면 비록 내 컴퓨터에는 없지만, 춘천에 있는 데이터 센터가 아닌 내가 머물고 있는 곳 부근의 서버에 저장되는 것이죠. 에지는 직역하면 '가장자리'라는 뜻인데, 데이터 센터와 같이 중앙에 있는 것이 아니라 사용자 부근의 가장자리에 서버가 있다는 식으로 해석할 수 있습니다.

클라우드와 에지 컴퓨팅은 둘 중 하나를 선택하는 개념이 아닌 상호 보완하는 개념입니다. 에지 컴퓨팅은 클라우드에 바로 데이터를 보내지 않고 한 번 분석·처리한 후에 전송되기 때문에 데이터 처리의 효율성이 증가하고, 빠른 처리가 가능하지만, 지역 곳곳에 설치돼야 하기 때문에 큰 비용이 듭니다. 앞으로 사물 인터넷이 더욱 확산될 텐데, 그에 따라 에지 컴퓨팅은 더욱 중요해질 것입니다.

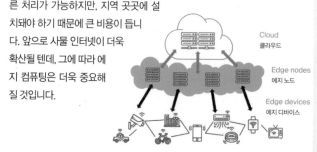

에지 컴퓨팅을 구성하는 3요소

프레즌스로
장애를 극복하다

▶ 사람 + 로봇 = 쌉파서블!

동영상부터 보실까요? 로봇은 다양한 용도로 사용되고 있습니다. 그리고 앞으로 더욱 다양한 분야에서 사용될 것입니다. 앞에서 우리는 물류 창고와 같은 곳에서 인간의 노동력을 대체하는 사례를 통해 로봇의 쓰임새를 알아봤습니다. 저는 로봇의 진가가 발휘되는 사례를 이러한 일상적인 사례에서 찾아볼 수도 있지만, 인간이 하기 힘들고 위험한 또는 비용이 많이 드는 일에서 더욱 두드러지

사람이 하기 힘든 일에는 로봇이 적극적으로 활용될 것입니다.

게 찾을 수 있을 것으로 전망합니다.

한번 생각해 볼까요? 큰 화재가 나고, 빌딩이 무너지고, 지진이 난 상황에서 우리가 할 수 있는 일은 무엇이 있을까요? 산속에서 길을 잃은 사람을 찾고, 태풍이 지나는 바다에 조난 당한 사람을 구하기 위해서 촌각을 다투는 상황은 인간의 한계를 느끼게 합니다. 인간이 활동하기 힘든 상황은 곳곳에 있습니다. 조금만 더 시간을 절약할 수만 있다면, 조금만 더 인간처럼 자유롭게 움직이면서 무거운 것을 치울 수만 있다면, 육지에서 움직이는 것처럼 물에서도 자연스럽게 활동할 수 있다면 우리가 구할 수 있는 생명은 더 많아질 것입니다.

다르파(DARPA)로 잘 알려진 미국방위고등연구계획국 (Defense Advanced Research Projects Agency)은 2013년 로봇과 관련된 역사적인 대회를 열었습니다. 2011년에 있었던 일본 대지진 때, 원자력 발전소가 파괴되는 위험한 상황에서 당시 로봇 강국이었던

2015년 개최된 '다르파 로보틱스 챌린지'

일본과 미국에서 쓸 만한 재난용 로봇이 없었다는 반성으로부터 출발한 시도였습니다. 로봇의 육체적 기술, 민첩성, 지각력 그리고 인지능력을 시험하는 이 대회는 인간이 처리할 수 없는 과업을 로봇이 대신하게 한다는 명목으로 진행됐죠. 우리가 사는 세상에는 늘 발생 가능한 위험이 도사리고 있기 때문에 이렇게

실시간으로 정보를 수집하고 스스로 판단을 해서 인명을 구하는 로봇, 즉 구난 로봇이 필요합니다.

영상을 보면 알겠지만, 구난 로봇의 실력이 형편없습니다. 2015년 대회이므로 당연히 지금은 훨씬 더 발전했습니다. 앞서 보았던 보스턴 다이내믹스의 로봇을 보면 기술의 발전 속도가 대단히 빠르다는 것을 알 수 있죠. 중요한 것은 로봇이 이렇게 스스로 구조 활동을 하게 만드는 방식이 타당한가 하는 점입니다.

사람도 그렇지만 로봇 역시 약점이 있습니다. 로봇이 사람보다 나은 점도 있고 부족한 점도 있죠. 그렇다면 로봇이 모든 것을 잘하게끔 만드는 방식보다는 로봇의 강점은 더욱 부각하고 약점은 보완해 주면서 인간과의 협업을 하는 식으로 개발하는 것은 어떨까요? 인간처럼 행동하는 로봇을 만드는 데 들어가는 시간과 비용을 고려하면 협업을 통해 더 긍정적인 결과를 가져올 수 있는 방안을 선택하는 것이 합리적이지 않을까요? 이런 방법을 사용하면 목적을 달성하기 위한 효과도 뛰어날 뿐만 아니라, 개발하는 데 드는 시간과 비용을 줄일 수도 있어 효율적이기도 하니 더 빠른 시일 안에 우리가 로봇과 함께할 수 있을 것입니다.

▷ 내가 로봇인지, 로봇이 나인지-프레즌스

이렇게 로봇을 원격 조종하거나 로봇을 인간의 몸에 장착해서 움직일 때 고려해야 할 점이 많겠죠. 인간과 협업하는 로봇공학 분야에서 가장 중요한 이론 중의 하나가 바로 프레즌스 (Presence)입니다. 프레즌스는 민스키(Minsky, 1980)에 의해 처음으로 '피드백 시스템을 이용해 다른 장소에서 일어나는 일을 보고 느낄 수 있게 하는 원격 조작'으로 정의됐습니다.

옆의 동영상을 보실까요? 하수도관을 조사하는 로봇입니다. 스스로 작동해서 자율적으로 판단하는 로봇은 아닙니다. 사람이 원격으로 조종하죠. 자이로스코프, 가속도계, 지자기 센서 등으로 구성된 IMU 센서와 라이다 (LiDAR) 센서, 레이저가 있어서 다양한 정보를 수집할 수 있습니다. 원격으로 이러한 기계 장치를 조종하기 위해서는 신경 쓸 것이 많습니다. 내가 조종하는 대로 정확하게 움직여야 하고 반응이 실시간으로 이루어져야 하니까요. 내가 조작하고 싶은 대로 다양한 방식으로 움직이면 더 좋겠죠. 이러한 것을 종합적으로 판단하는 게 바로 프레즌스입니다.

사람이 들어갈 수 없는 공간에서 유용하게 쓰이는 원격 조종 로봇

현재의 기술로는 불가능한 것처럼 보이지만 이론적으로 충분히 가능한 것이 바로 인간의 뇌와 동기화한 로봇입니다. 영화 〈퍼시픽 림(Pacific Rim)〉에서 나온 장면은 이상적인 프레즌스의 모습을 보여 주고 있습니다. 대부분의 영화에서는 인간이 로봇의 머리 부분에 앉아서 로봇을 조종하죠. 자동차 운전석이나

비행기 조종석에 앉아 있는 것과 같은 설정으로 등장합니다. 그

인간의 정신을 이입하는 방식으로 움직이는 로봇이 등장하는 영화 〈퍼시픽 림〉

런데 영화 〈퍼시픽 림〉에서는 인간의 뇌와 로봇을 신경으로 연결해서 직접 움직입니다. 사실 이런 분야의 연구는 오래전부터 이루어져 왔습니다. 뇌(Brain)와 기계 (Machine)가 만난다(Interface)는 의미로 BMI라고도 합니다. 만일 구현될 수만 있다 면, 내 몸을 움직이는 것처럼 로봇을 움직일 수 있기 때문에 활용도 높은 프레즌스라고 할 수 있겠죠?

프레즌스는 내가 직접 경험하는 것에서는 발생하지 않습니다. 반드시 어떤 테크놀로지를 활용해야 합니다. 그것이 카카오톡이든 스마트폰이든 로봇이든 간에 테크놀로지를 활용하면서 느끼는 경험입니다. 중요한 것은 자신이 실제로 존재하는 환경보다 테크놀로지가 만들어 내는 환경이 더 진짜처럼 느껴지는

프레즌스는 중독이 아닙니다. 이 영상은 게임 중독이 행동으로 표출된 상황입니다.

것이죠. 그래서 프레즌스 연구자들의 모임인 ISPR(2000)은 프레즌스를 '현재 사용자가 느끼는 경험이 테크놀로지에 의해 만들어짐에도 불구하고, 테크놀로지가 매개하고 있는 역할을 잊게 되는 심리적 상태 또는 주관적 관념'이라고 정의했습니다. 즉,

프레즌스는 내가 테크놀로지를 이용해 어떤 경험을 하고 있음

에도 불구하고, 그 순간 내가 테크놀로지를 사용하고 있다는 것을 잊는 상태를 말하는 것이죠. 완전한 몰입 상태라고 이해할 수 있습니다.

인간의 오감을 기반으로 한 다양한 미디어를 활용함으로써 '진짜' 같은 경험을 부여하는 것이 테크놀로지를 개발하는 궁극적인 목적이라고 〈너 때는 말이야〉 시리즈에서 계속 강조했습니다. 메타버스도 이렇게 진짜 같은 경험이 부여되지 않는 한 새로운 세계로 인식하지 않을 것입니다. 이러한 의미를 지닌

로봇 스스로 판단
하고 움직여야 한
다는 생각을 버리
면 더 많은 일을
할 수 있습니다.

이론이 바로 프레즌스입니다. 따라서 꼭 로봇이 아니더라도 테크놀로지에 관심이 많은 여러분이 프레즌스를 잘 기억하면 좋겠습니다. 학계뿐만 아니라 업계에서도 이와 같은 의미는 매우 중요하거든요.

▷ 10톤 트럭보다 들기 어려운 샤프심

사람과 로봇의 협업을 이야기하면서 빠트리지 말아야 할 것이 있는데 바로 '로봇 팔'입니다. 로봇 팔을 만드는 데 있어서 프레즌스의 역할은 핵심적이겠죠. 로봇 손과 로봇 팔은 문자 그대로 이해하면 됩니다. 즉, 로봇 손이라고 하면 말 그대로 손 부분만 의미하고, 로봇 팔이라면 손을 포함에서 손목에서 팔꿈치

혹은 어깨까지 이르는 부위를 포함합니다. 내 팔이 아니기 때문에 내 팔처럼 움직이는 듯한 느낌이 들수록 완성도가 높겠죠? 그렇기 때문에 높은 프레즌스가 요구되는 분야입니다.

로봇 팔 기술은 매우 중요합니다. 인간이 하는 일상적인 일의 대부분은 손을 사용하기 때문입니다. 로봇 팔이 중요한 이유는 인간을 대체할 로봇이 정교한 손 움직임으로 작업할 수 있게 만들어야 하는 산업적인 목적도 있지만, 누군가에게는 진짜 팔의 역할을 하기 때문입니다. 다시 말해, 인간의 의수 역할을 해야 하기 때문이죠.

현재 기술로도 로봇은 인간의 많은 일을 대체하거나 보완하고 있지만, 가장 기술 발전이 더디고 앞으로 상당한 시간이 필요한 로봇 분야가 바로 로봇 팔입니다. 로봇을 보면 대체로 손으로 하는 작업에 어려움을 겪습니다. 움직임이나 힘을 쓰는 것은 잘하지만, 사람이 세부적으로 손을 활용하는 것과 같은 작업은 잘 못하죠. 사람의 움직임을 생각해 보면 문을 열고, 뚜껑을 닫고, 종이를 들고, 봉투를 찢는 행위는 너무나 간단합니다. 힘이 들어가야 하는 경우만 제외하면 크게 어렵지 않죠. 그러나 로봇에게는 이러한 간단한 행위가 가장 어려운 과제입니다. 쉽게 말해서 운동 신경이 부족합니다.

〈인공지능, 너 때는 말이야〉에서도 비슷한 이야기를 한 적 있죠. 인공지능이 대단한 것 같지만, 개와 고양이를 구분하는 것처럼 인간이라면 직관적으로 쉽게 판별하는 것을 어려워한다! 학습을 통해 판별하기 때문에 많은 시간과 데이터, 정교한 알고리즘이 필요하다!

로봇도 그렇습니다. 우리 인간이야 손으로 콘택트렌즈를 눈에 넣는다거나 책상 위에 떨어진 샤프심을 줍고, 지갑에서 신용카드를 꺼내는 게 아무렇지도 않게 처리하는 간단한 일이지만 로봇에게는 이러한 일이 힘듭니다.

로봇 팔은 산업용뿐만 아니라 인간에게 매우 필요한 존재입니다.

2019년 산업 재해 발생 현황을 살펴보면, 절단·베임·찔림 관련 재해 발생자 수는 10,734명에 달합니다. 사고를 당한 모든 사람이 의수 또는 의족이 필요한 것은 아니지만, 절단 사고로 인한 의수 또는 의족의 필요성은 늘 있었죠.

가장 오래된 방식의 의수 또는 의족은 스프링 방식으로 작동됐습니다. 손과 발을 움직일 때마다 스프링에 힘을 주게 되고, 이 힘으로 손과 발이 움직이는 방식이죠. 그러나 이 방식으로는 아주 간단한 움직임만 가능했기 때문에 기술이 사람에 맞춰지기보다는 사람이 기술에 적응해야 했습니다. 한마디로 매우 불편하다는 뜻입니다. 그래서 최근에는 센서와 모터를 활용하고, 근육의 전기 신호를

세계에서 가장 정밀한 로봇 손

전기 신호로 움직이는 로봇 손(그림 5)

이용해서 진짜 손과 발처럼 움직이는 로봇 팔과 로봇 발을 개발 중입니다.

▷ 사용자 경험은 로봇 분야에서도 핵심!

로봇 팔이 실행되도록 만드는 방법은 다양합니다. 생체 공학 기술을 이용해 손가락마다 모터를 장착하고, 내장형 마이크로 프로세서(microprocessor)로 움직임을 추적해 정확한 동작을 가능하게 하죠. 이를 조금 더 자세하게 설명하면, 먼저 근육의 미세한 움직임을 센서가 감지합니다. 이후, 센서는 약한 전류를 중앙처리장치(central processing unit: CPU)에 보내죠. 움직일 준비를 하라는 신호를 보내는 것입니다. 인간의 뇌 역할을 하는 CPU는 각 관절의 모터로 적절한 전류를 보내 의수를 작동하게 하죠.

외형은 탄소 섬유와 알루미늄 합금 소재를 사용해서 만들고 뼈와 근육에 직접 연결돼 전기 신호로 움직입니다. 각 손가락의 끝에는 압력 센서가 있어서 물건마다 쥐야 하는 힘의 세기를 각각 조절합니다. 달걀을 집을 때와 1.5리터 물통을 집을 때 힘의 세기가 동일하면 안 되겠죠? 아직은 자연스럽게 움직일 정도는 아니지만, 달걀을 집거나 마우스를 클릭하고 야채 껍질을 벗기는 행동이 가능할 정도의 정교함은 갖추게 됐습니다.

최근에는 인공지능을 활용한 전혀 새로운 방식으로 로봇 팔을 개발하고자 시도하고 있습니다. 기존 방식은 전기 신호를 통해서 뇌가 명령을 내리면 로봇 팔이 명령을 따랐는데, 인공지능을 활용한 방식은 알고리즘 기반으로 센서에 의해 수집한 정보를 사전에 학습한 방식에 따라 물건을 인식해서 움직입니다.

전통적인 접근 방식과는 다른 센서와 인공지능을 통해 구동하는 로봇손

로봇이 달걀을 집으려고 하면 손가락에 있는 센서가 달걀을 인식하고, 달걀이 어디에 어떻게 있는지 파악해서 가장 잡기 좋은 방향으로 손가락을 조종합니다. 매우 정교하게 움직이는 거죠. 음료수 통을 들 때와 탁구공을 들 때 등 각 상황에 맞춰 센서가 정보를 수집하고 이에 따라 로봇은 최적화된 알고리즘으로 물건을 잡기 위한 최적의 손가락 모양을 만들고 힘을 주게 됩니다.

정교함을 요구하는 작업은 인간과의 협업이 중요합니다. 내 손의 역할을 하는 로봇 손이 부정확하거나, 정확하게 움직인다고 해도 불필요한 노력이 들거나, 시간 차이가 있다면 사용자

만족도는 떨어지겠죠? 원격 조종 로봇도 마찬가지입니다. 원격 조종하는데 반응이 조금이라도 이상하다면 정교한 작업을 할 수가 없겠죠. 원격 조종을 하려면 마치 내가 직접 하는 것과 같은 촉감이 느껴져야 합니다. 그래서 사람과 로봇의 움직임이 정확히 일치하게끔 만들어야 합니다.

〈너 때는 말이야〉 시리즈에서 디지털 트랜스포메이션을 말하면서, DNA(Data, Network, AI)를 줄곧 강조했는데요. 5G 네트워크가 중요한 이유가 바로 이것 때문입니다. 원격 로봇을 이용해서 수술해야 하고 원격 로봇을 이용해서 위험 시설을 보수해야 하는데 즉각적으로 반응하지 않으면 큰 문제가 발생할 수 있습니다.

정교하게 일해야 하는 경우는 로봇 자체에 모든 것을 맡기는 것보다는, 원격 조종이 비용을 아끼면서도 개발 시간을 줄일 수 있는 동시에 매우 높은 효과까지 기대할 수 있습니다. 로봇의 제어, 센서, 구동 장치, 알고리즘이 모두 잘 어울리게끔 만들어야 하는데 이렇게 만들기 위해서는 많은 시간이 들 것 같습니다. 그래서 지금은 적정 기술, 즉 현재 있는 기술을 최대한 활용해서 인간과 로봇의 협업을 더욱 정교화시키는 방법에 초점을 맞춰야 합니다.

이러한 이유로 로봇 분야에서 프레즌스가 중요합니다. 로봇을 만들어서 움직이는 것은 '한다', '안 한다'의 문제가 아니라,

할 수 있지만 어느 정도 가능하고 이것이 사용자에게 어느 정도의 행복감을 주는지를 물어야 하는 것이죠. 이것 역시 사용자 관점인 것입니다. 〈너 때는 말이야〉 책 시리즈에서 줄곧 강조하는 것이 바로 사용자 경험이었죠. 하드웨어든 소프트웨어든 기술의 진보가 당연히 중요하지만, 그것을 종합적으로 평가하는 것은 결국 사용자 경험입니다. 목적 달성이든 부가적 효율성이든 아니면 그저 예뻐서든지 간에 사용자의 경험을 긍정적으로 만들어야 합니다. 그렇기에 로봇 팔과 같이 로봇과의 협업이 필요한 분야는 사용자 경험이 중요합니다. 프레즌스의 중요성은 앞으로 계속 이야기하겠습니다.

지금까지 로봇에 관해 대략 이해했으니, 다음 장부터는 구체적인 사례를 통해 로봇이 어떻게 사용되고 있는지, 그리고 여러분의 창의력을 바탕으로 어떻게 활용될 수 있을지 알아보도록 하겠습니다. 다양한 선행 사례를 익히는 것은 매우 중요합니다. 세상에 완벽한 창조는 존재하지 않죠. 창조는 신의 영역입니다. 우리는 다만 창조성을 발휘할 뿐입니다. 존재하는 것에 여러분의 아이디어를 접목해서 단점을 줄이고, 장점을 늘린다면 그게 바로 혁신입니다. 그래서 창의적인 아이디어는 누적된 지식과 직접 경험에서 나옵니다. 현재 로봇 기술은 어떻고, 사례는 어떤지 지식을 습득한 뒤, 여러분이 직접 만든다면 그것이 바로 창의적인 결과물이 될 것입니다.

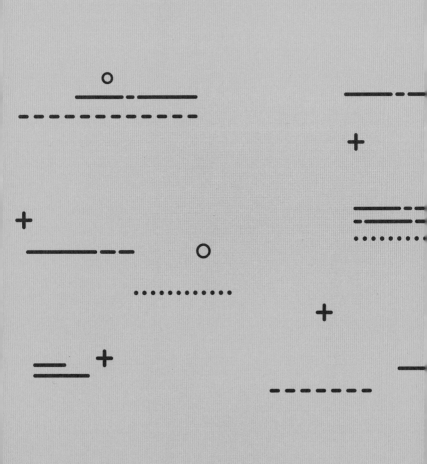

PART 2

로봇이
이런 일도
한다고요?

귀찮은 일을 처리하는 건
로봇이 찐!

▶️ 신이 내려 준 가전, 로봇 청소기

로봇 하면 아직 거리감이 느껴지는 것이 사실입니다. 딱딱하게 느껴지는 로봇에게 조금 더 친근하게 다가가기 위해서 우리 주변에서 쉽게 찾아볼 수 있는 것부터 시작해 볼까요? 먼저 로봇 청소기입니다. 로봇 청소기는 2020년 기준 국내 전체 청소기 시장의 12.2%를 차지하면서, 2018년 7.3%, 2019년 9.5%에 이어 지속적으로 성장 중입니다. 시장 규모는 2018년 780억 원에서 2020년 1,570억 원으로 약 두 배 증가했습니다(권건호, 2021.09.23).

혹시 여러분은 청소를 자주 하시나요? 설거지는 어떤가요? 요리와 빨래도 그렇지만, 해도 티는 안 나는데 하지 않으면 눈에 띄는 일은 정말 귀찮습니다. 안 쓸 때는 모르지만 한번 써 보면 안 쓸 수 없는 가정 필수 전자 제품들이 이런 귀찮은 일을 처리하는 데 제격이죠! 대표적으로 로봇 청소기, 식기 세척기, 에어 프라이어, 건조기 그리고 스타일러를 들 수 있습니다. '이런 것이 꼭 필요해?'라고 생각할 수도 있지만, 한번 써 본 사람이라면 많은 경우 머스트 해브 아이템으로 꼽습니다. 참고로 로봇 청소기, 식기세척기, 에어 프라이어는 신이 내려 준 세 가지 가전이라 해서 '삼신 가전'이라고 부르기도 한답니다.

로봇 청소기는 그중에서도 가장 빠르게 진화하고 있습니다.

걸레를 빨 수도 있는 로봇 청소기

불과 몇 년 전만 해도 로봇 청소기는 천덕꾸러기 신세였습니다. 가격은 수십만 원이나 하는데, 청소의 품질은 별로 좋지 않았죠. 그러나 지금은 다릅니다. 청소의 수준이 달라졌다고 이야기할 정도로 많은 발전이 있었죠. 물걸레 청소뿐만 아니라, 물걸레를 빠는 청소기가 나올 정도입니다.

삼성전자가 세계 최대 가전 전시회 'CES 2021'에서 선보인 로봇 청소기 '제트봇 AI(JetBot AI)'는 인공지능 기능이 탑재된 로봇 청소기가 얼마나 정교하고 깨끗하게 청소할 수 있는지 보여 줍니다. 딥러닝, 라이다(LiDAR) 센서, 3D 센서, AI 솔루션, 빅스비(Bixby) 음성 인식 등이 '제트봇 AI'에 들어간 기술이라면 믿기나요? 대체 로봇 청소기가 뭐라고 이렇게 엄청난 기술이 적용됐나 싶죠? 로봇 청소기가 지저분한 곳을 정확히 찾아가서 청소하게끔 만들기 위해서 이렇게 어마어마한 기술이 적용됐답니다.

청소기에도 인공지능 기능이 있어야 제대로 청소하죠!

앞으로 다양한 로봇을 소개하겠지만, 로봇에 적용되는 인공지능 기술은 '제트봇 AI'에 들어간 것과 큰 차이가 없습니다. 이동성과 자율성이 로봇의 대표적인 특징이라고 했는데, 이동을 하기 위해서 그리고 스스로 판단해서 행동하기 위해서도 인공지능이 필수죠. 그래서 대부분의 서비스용 로봇은 사용 목적의 차이가 있을 뿐, 적용되는 기술은 '제트봇 AI'와 같이 이동을 위해 공간을 인식하는 센서, 센서에 의해 수집된 데이터를 처리하는 딥러닝과 AI 솔루션 그리고 소통하기 위한 빅스비와 같은 커뮤니케이션 도구가 필요합니다. 그래서 지금부터는 '제트봇 AI'에 들어간 기술을 통해 앞으로 나올 로봇을 이해해 보겠습니다.

▶️ 이 정도면 자율 주행차 아닌가?

로봇 청소기의 핵심은 움직임과 청소 능력입니다. 그러나 여기서 다루려는 내용은 보편적인 로봇의 특징이니, 청소 능력에 관한 내용은 빼고 이야기하겠습니다. 움직임은 결국 얼마나 정확하게 움직일 수 있는지가 관건입니다. 청소기가 물건을 지나쳐 그냥 간다면 제대로 작동한다고 하지 못하겠죠? 양말이 앞에 있는데 청소기가 그냥 지나가면 아마 흡입기에 양말이 껴서 청소기는 고장 날 겁니다. 따라서 물건이 위치한 곳을 잘 인식하고 이것을 피하면서 지저분한 것을 치우는 게 핵심 능력이겠죠.

물건이 어디 있는지 파악해서 부딪치지 않고 원하는 장소로

인텔의 라이다 카메라

움직이기 위해서 딥러닝 기반의 사물 인식 기술을 적용하고, 라이다 센서와 3D 센서를 탑재했습니다. 라이다 센서는 항공 우주 산업에 주로 쓰여 일반인에게는 잘 알려지지 않았는데, 자율 주행차 시대의 핵심 센서가 되면서 큰 관심을 받게 됐습니다. 탁월한 3D 매핑 (Mapping) 기술을 통해 주변에 있는 물건을 인식하고 추적할 수 있죠. 쉽게 말해서 공간을 인식할 수 있다고 생각하면 됩니다. 집 안에 있는 사물을 분석해 자신의 현재 위치를 인식하고 공간에 대한 지도를 생성하는 것이죠. 이를 통해 원하는 공간이나 특정 공간만 골라서 청소할 수 있습니다.

이에 더해 3D 센서가 기존의 2D 센서로는 감지하지 못했던 기능, 예를 들어 높낮이를 판단하고 복잡한 구조물의 형상을 인

식하며 1m 이내에 있는 장애물의 위치와 모양을 인식함으로써 장애물을 파악할 수 있게 도와줍니다. 집 안을 둘러보면 평소 우리는 인식하지 못하지만 로봇 청소기에게는 장애물이 될 수 있는 것이 곳곳에 널려 있습니다. 침대 밑 공간이나 식탁 의자 다리 사이, 냉장고와 싱크대 사이의 좁은 공간 등이 로봇 청소기의 높이나 넓이보다 낮거나 좁다면 이러한 곳은 청소할 수 없 겠죠. 집 안을 청소하기 위해서는 정교한 공간 인식과 거리 조절이 필요합니다.

이제 공간 파악을 위한 하드웨어가 설치됐으니 정보를 해석하고 가야 할 곳을 판단해야 하는 기능이 필요하겠죠. 이를 위해 삼성전자는 인텔의 인공지능 솔루션 모비디우스(Movidius)를 탑재했습니다. 모비디우스는 컴퓨터 비전(computer vision)에 뛰어난 성능을 보입니다. 컴퓨터 비전은 주변 환경을 시각적으로 이해하고 처리하는 기술로, 쉽게 말해 인간의 눈과 뇌의 기능을 한다고 생각하면 됩니다. 카메라를 통해 시각 정보를 수집한 후, 뇌의 역할을 하는 중앙처리장치(Central Processing Unit: CPU)가 이러한 정보를 이해하고 처리하죠. 이러한 과정을 통해서 공간 매핑, 충돌 방지, 추적, 사물 인식과 같은 기능을 수행합니다.

거듭 이야기하지만, 인공지능 알고리즘을 잘 활용하기 위해서는 좋은 데이터가 많아야 한다고 했죠? 그래서 '제트봇 AI'는

100만 장 이상의 이미지를 사전에 학습했다고 합니다. 책상다리, 의자, 식탁, 가전제품, 개, 고양이 등 집 안에 있을 만한 모든 걸 인식하고자 학습하는 거죠. 집마다 서로 다른 물건들을 잘 인식하기 위해서 100만 장이 넘는 이미지를 학습한 것입니다. 그리고 이런 정보를 빠르게 처리하기 위해서 바로 사물 인식용 고성능 솔루션인 인텔 AI 솔루션을 적용한 것이죠.

모비디우스의 역할은 기본적으로 자율 주행차와 똑같습니다. 모비디우스 솔루션이 비전 컴퓨팅과 인공지능을 강화한 만큼 어찌 보면 로봇 청소기에서 사용하기에는 지나치게 과한 것이라고 볼 수도 있죠. 그만큼 로봇 청소기의 정교함이 고객 만족도를 높이는 가장 중요한 요소라고 판단한 것입니다.

마지막으로 음성 인식 기능을 하는 빅스비가 있으니 말로도 명령할 수 있습니다. "식탁 아래를 청소해 줘."라고 말로 명령하면 로봇 청소기는 사전에 학습한 대로 식탁으로 가서 주변을 청소하죠. 물론 사람끼리 대화하는 정도의 소통 능력은 아직 멀었습니다. "안방 오른쪽 구석에 지저분한 것을 치워 줘."와 같이 구체적인 것은 힘들어도 냉장고, 소파 등과 같은 구체적 대상물을 지칭한 후 청소를 명령하면 꽤 정확하게 수행합니다.

'룸바(Roomva)'라는 브랜드의 청소기를 통해 로봇 청소기에 포함된 인공지능 기술을 하나 더 소개하며 마무리하겠습니다. 최근 우리나라도 반려견을 많이 키우죠. 반려견이 예쁘기는

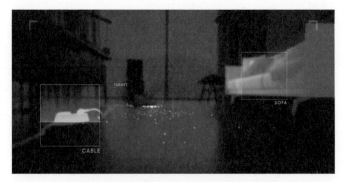

로봇 청소기는 자율 주행차와 유사한 기능을 갖습니다. (그림 6)

하지만, 가끔 똥을 아무 곳에나 싸서 견주를 힘들게 만듭니다. 게다가 로봇 청소기로 이것을 치우려고 하니 똥이 카펫이나 마루에 범벅이 되는 문제가 발생하죠. 그래서 룸바는 2021년 가을에 소개한 로봇 청소기에 인공지능 기술을 통해 반려견의 똥을 인식하고 이것을 피하는 기능을 탑재했습니다. 어찌 보면 간단하게 보일 수도 있지만, 개와 고양이를 구분하기 위해 훈련을 받는 것처럼 개똥을 인식하기 위해 학습할 필요가 있는 것이죠.

별것 아닌 것 같기도 하지만, 청소처럼 열심히 해도 티가 안나는 일을 매일 하는 건 사람을 피곤하게 합니다. 우리에게 로봇이 필요한 것은 바로 이런 일을 맡기기 위해서일 수 있죠. 로봇 청소기의 기술력을 자율 주행차 수준으로 높이다 보니, 이제로봇 청소기를 돌리기 위해 바닥에 있는 물건들을 일부러 정리하는 수고를 하지 않아도 됩니다. 시간만 맞춰 놓으면 알아서 집

안 곳곳을 돌아다니며 청소하는 거죠. 일과 가사를 병행하는 분들에게, 아이가 있는 집에 로봇 청소기는 머스트 해브 아이템이 됐습니다.

▶ 백 주부님, 이제 쉬셔도 될 것 같습니다

이번에는 요리입니다. 요리는 생존이나 노동을 위해서 늘 인류의 관심사였습니다. 그러나 이제 요리의 의미가 많이 달라졌습니다. 건강한 삶을 위해서 그리고 멋진 인생을 위해서 요리는 즐거운 경험이 됐습니다.

그래서일까요? '백 주부'로 잘 알려진 백종원 님을 비롯해서 스타 요리사가 꽤 많이 등장했습니다. 방송과 유튜브에서 요리사가 주인공을 맡기도 하고, 프로그램을 이끄는 주요한 역할을 하기도 합니다. 스타 요리사를 꿈꾸는 MZ세대도 많은 걸 보면 요리에 대한 관심이 일반적으로 높아졌다는 의미겠죠. 그러나 문제가 있습니다. 요리하기 위해서 꽤나 많은 노동력이 필요하다는 것입니다. 훌륭한 요리를 먹는 것은 언제나 행복하지만, 그 요리를 만들기 위한 과정은 인류의 오래된 노동이자 고된 과정이라는 것이죠. 재료 구매부터 시작해서 설거지까지의 과정 모두가 노동의 연속이기에 맛있는 음식을 먹는 것을 즐거움으로만 생각하기는 쉽지 않습니다.

요리는 노동일까요, 즐거움일까요? 인간이 요리한다는 것은 어떤 의미일까요? 셸라 레웬핵(Sheila Lewenhak)이 쓴 〈여성 노동의 역사〉(1995)에서 여성 노동의 처음은 수렵과 채집이고, 새로운 기술 혁명에 의한 여성 해방의 중요한 지점은 가사 노동이라고 한 것처럼, 요리로부터의 해방은 인간의 노동을 많이 줄여 줬다고 볼 수 있습니다.

요리 분야에서도 로봇의 적용은 이미 시작됐습니다. 요리라는 노동에서 해방되기 위해서 가전제품 회사들과 로봇 회사들이 부엌과 레스토랑의 혁명을 준비하고 있습니다. 먼저 부엌에서의 변화를 살펴보면 몰리 로보틱스(Moley Robotics)와 새도 로보틱스(Shadow Robotics)가 개발한 주방용 자동 조리 로봇 '몰리(Moley)'가 대표적입니다.

언제쯤이면 주방에 이런 로봇이 마련될까요?

몰리는 2015년 4월 독일에서 개최된 하노버 메세(Hannover Messe) 산업 박람회에서 처음 선보인 이래로, 5월에는 'CES 상해'에서 'Best of Best'를 수상했으며, 2016년 1월에는 'AI & Robotics Award'에서 결승에 오르는 등 그 기술력을 인정받았습니다. 몰리는 크게 로봇과 인공지능이라는 두 부분으로 이루어져 있는데, 129개 센서와 24개의 이음새 그리고 20개의 모터로 구성되어 있습니다. 인간의 팔처럼 생긴 로봇 팔 2개가 움직이며 요리를 하죠.

영상을 보면 알겠지만 로봇 팔의 움직임은 사람의 팔인 것처럼 정교합니다. 그 움직임이 너무나 자연스러워서 혹시 이것이 컴퓨터 그래픽으로 만든 가짜인 게 아닐까 하는 의심이 들 정도입니다. 전원을 켜고, 그릇을 옮기며, 양념통을 자유자재로 다루고, 수프를 휘젓는 모습이 매우 정교합니다. 조리 도구를 고르고 사용자가 원하는 음식에 맞는 요리를 하되, 재료 선택이나 소요 시간, 칼로리 설정 등 단순히 맛뿐만 아니라 사용자 친화적인 맞춤형 요리를 제공하니 웬만한 요리사보다 더 나은 듯합니다. 인공지능 레시피 라이브러리를 갖고 있는 몰리는 무려 5천 종류가 넘는 레시피를 갖고 있습니다. 더 나아가 사용자들이 제작한 다양한 레시피를 공유하고, 원하는 레시피를 다운로드해서 사용할 수 있는 요리 플랫폼으로까지 진화하고 있습니다.

몰리는 사용자의 노동력을 최소화할 수 있게 요리 전 과정을 진행할 수도 있고, 사용자 주도의 요리를 하는 데 보조 역할을 할 수 있게 프로그래밍이 돼 있기도 합니다. 요리사가 상황에 따라 자기 마음대로 정할 수 있는 자유도를 부여한 것입니다. 또한 요리뿐만 아니라 자동으로 식기세척기를 사용할 수 있기 때문에 설거지까지 해결되고 마지막으로 식기를 정리할 수도 있으니, 이 정도면 부엌에서의 노동력을 획기적으로 줄일 수 있는 혁신적인 로봇이라고 할 수 있겠죠.

장하준 교수는 〈그들이 말하지 않는 23가지〉(2010)에서 '인

터넷보다 세탁기가 세상을 더 많이 바꿨다.'라고 주장합니다. 세
탁기와 같은 가전제품이 이끈 가사 노동
시간의 단축이 인터넷을 통한 경제·사회
적 영향보다 더 크다는 것입니다. 요리하
고, 설거지하고, 청소하고, 빨래하는 등 집
안일에 걸리는 시간을 혁신적으로 단축한
가전제품은 가사 노동자와 같은 직업을 거

미래에는 빨래
도 로봇이 개킬까
요? 이 회사는 결
국 파산했습니다.

의 사라지게 했고, 여성들의 사회 진출을 촉진했기 때문이죠.

　세탁기, 식기세척기, 진공청소기 등 가사에서의 해방을 이야
기할 수 있는 가전제품이 많이 있지만, 정작 요리를 위한 기술의
진보는 눈에 띄지 않는 것 같습니다. 빨래하기 위해 세탁기에
옷을 넣고 버튼을 누르거나, 그릇을 식기세척기에 넣고 설정하
거나, 진공청소기의 버튼을 누르기만 하면 청소가 자동으로 되
는 것에 비해 요리는 모든 과정에서 세부적인 손 사용이 필요해
수백 년 전의 활동과 별 차이가 없는 듯 보입니다. 앞으로 몰리
와 같은 요리 로봇이 얼마나 획기적으로 진화할지 기대됩니다.

▷ 키오스크는 시작일 뿐, 다음은 주방

　이제는 레스토랑으로 가 볼까요? 스파이스(Spyce)는 MIT
학생들이 만든 완전 자동화 레스토랑입니다. 로봇 레스토랑이
라고 하면 아직은 엔터테인먼트 성격이 짙지만, 스파이스는 현지

의 신선한 재료를 이용해 저렴하고 영양가 있는 식사를 할 수 있

세계 최초의 로봇
요리사 식당인 스
파이스

게 해 주는 세계 최초의 완전 자동화 레스
토랑을 표방합니다.

사실 자동화 레스토랑이라는 이름으
로 적지 않은 곳이 소개되기는 합니다. 그
러나 대부분의 레스토랑에서는 부엌에서
로봇이 요리하는 자동화의 의미가 아니라 요리된 음식을 각 테
이블로 운반하는 의미의 자동화를 소개하고 있죠. 하지만 스파
이스는 메뉴를 주문하면 응용 프로그램을 이용해 요리를 만들
기 시작하는데, 조리에서부터 식사 제공까지 모든 과정을 완전
자동화한 무인 레스토랑이라는 점에 의미가 있습니다. 냉장고
와 식기세척기, 조리 기기와 로봇 요리사가 하나의 기기에 담겨
있어서(all-in-one) 요리사가 필요 없고, 프로그래밍을 통해 일관
된 맛을 제공할 수 있으면서도 대용량의 조리를 빨리할 수 있기
때문에 상업 시장의 관심을 받고 있습니다.

코로나 때문에 비
대면 조리하는 로
봇 쉐프 스파이
스가 더욱 주목받
고 있습니다

스파이스는 장점이 명확합니다. 3분 이
내로, 저렴하게(약 9,000원) 현지의 신선한
재료를 활용해 요리한다는 점이죠. 한 시
간에 300개의 주문을 처리할 수 있으니
바쁜 식사 시간에 매우 효율적이겠죠. 처
음에 소개됐을 때는 세계 최초의 로봇 요리사 식당으로 주목받

왔는데, 이제는 세계 최초로 사람이 필요 없는 완전 자동화 레스토랑으로 발전했습니다.

앞에서 설명한 몰리가 로봇 팔을 통해 인간의 모습이 연상되는 요리사였다면, 스파이스는 매우 실용적입니다. 몰리는 주방에서 해야 하는 일을 모두 할 수 있게 만들려는 목적이 있기 때문에 기능의 다양성 면에서는 높은 점수를 받을 수 있지만 가격이 문제죠.

스파이스는 로봇이라기보다 그저 음식 만드는 기계라는 표현이 더 어울릴 것 같습니다. 그러나 앞서 사람과 로봇의 협력을 강조하며 언급했듯이, 효율성을 목적으로 하면 굳이 인공지능이 필요 없는 분야도 많습니다. 사전에 프로그래밍이 된 대로 그저 단순 작업만 잘할 수 있게 만드는 것이죠. 스파이스는 바로 이러한 목적에 충실하게 만들어졌습니다.

스파이스는 오픈 키친 형태입니다. 로봇을 이용한 자동화를 고객이 밖에서 볼 수 있게 한 것도 주요한 특징인데요. 이는 일종의 마케팅 전략이자 고객이 안심할 수 있도록 하는 사례겠죠. 흥미로운 요리 모습으로 많은 관심을 끌 수 있을 뿐만 아니라 조리 과정 전체를 공

햄버거를 만드는 로봇

개함으로써 레스토랑을 방문한 고객이 자신들이 먹는 음식을 안전하게 조리한다는 것을 확인할 수 있다는 장점이 있습니다.

미국 레스토랑 업체는 로봇 사용에 긍정적입니다. 로봇을 구매하는 데 초기 투자 비용이 많이 들기는 하지만 임금이나 고용세 등을 절감할 수 있는 데다 24시간 영업할 수 있기 때문입니다. 무엇보다도 미국은 인력난이 심합니다. 업종과 관계없이 채용하려는 인원이 지원하는 인원보다 많아서 사업장을 열지 못하는 경우도 많습니다.

2021년과 2022년에 제가 미국 미시간에서 직접 경험한 것을 이야기해 보겠습니다. 당시 대부분의 매장에는 직원을 구한다는 안내문이 붙어 있었습니다. 최저 시급보다 최소 1~2달러 이상 올린 급여를 제공하는 것은 일반적인 상황이었죠. 이러한 구인난은 전국적인 현상으로, 특히 코로나 팬데믹으로 인해서 노령층의 조기 퇴직과 교육 기관의 온라인 교육 대체로 인해 가정 내 보육 부담이 커진 여성의 노동 시장 참가율 저하가 원인입니다. 맥도날드와 같은 프랜차이즈 레스토랑이 직원이 없어서 문을 닫거나 영업시간을 단축할 정도죠. 시급이 낮은 대표적 업종인 프랜차이즈 레스토랑은 이러한 인력난으로 인해서 로봇에 대한 선호도가 높습니다. 로봇이 정교한 작업을 하는 데 아직 어려움이 있고 초기 비용이 많이 들어 이제 막 도입 단계에 있지만, 로봇 요리사의 확산은 의심할 여지 없는 사실입니다.

우리의 일상을 생각해 보면 식사를 위해 준비하는 시간이 적지 않음을 알 수 있습니다. 당장 인간이 부엌에서 해방되기 위해서는 가족 구성원 모두의 적극적인 참여가 요구됩니다. 가족 모두 함께 나눠서 일하는 것이죠. 궁극적으로 인간이 부엌에서 해방되는 데 있어서는 디지털 테크놀로지가 그 해답을 제공할 것입니다. 머지않은 미래에 요리부터 설거지까지 모든 작업을 로봇 팔이 달린 요리사가 하는 모습을 식당에서 볼 것입니다. 부분적으로 음식 만드는 노동력을 줄일 수 있는 기술은 조만간 하나씩 소개되겠죠. 인간이 매일 해야 하는, 중요하지만 귀찮은 일들로부터 해방되는 날이 머지않았습니다.

음식 맛은 손맛?
음식 맛은 로봇 맛!

▷ 30평 식당, 단 두 명이면 충분

음식 이야기를 조금 더 해 보겠습니다. 간단한 요리라고 생각되는 샐러드 로봇을 소개해 볼까요? 미국을 나타내는 핵심 가치 중 하나는 다양성이라고 생각합니다. 패밀리 레스토랑이 생겨난 이유도 다양성 때문입니다. 예를 들어 아빠는 스테이크, 엄마는 이탈리아 음식, 아들은 햄버거, 딸은 멕시코 음식이 먹고 싶다면 이 가족은 저녁을 함께 먹을 수 있을까요? 이러한 다양한 욕구를 충족하기 위해서 만든 것이 바로 패밀리 레스토랑입니다. 그래서 패밀리 레스토랑에 가면 온갖 나라의 음식이 섞여 있는 것이죠.

음식의 다양성을 나타내는 대표적인 브랜드로 '써브웨이'를 들 수 있습니다. 빵부터 시작해서 치즈, 채소, 소스 등 모든 것을 일일이 골라서 주문해야 하는 방식이 다양성을 보여 주죠. 처음 주문할 때는 익숙하지 않아서 오랜 시간이 걸리지만, 내가 원하는 것만 골라서 담을 수 있다는 장점때문에 사랑을 받는 브랜드입니다.

샐러드 주문할 때도 시간이 오래 걸립니다. 저와 같은 손님은 무엇을 주문해야 할지 몰라서 시간을 오래 끌죠. 또한 손님마다 모두 다른 요구를 하니 직원의 손이 많이 갑니다. 그래서 샐러드 로봇 샐리(Sally)가 만들어졌습니다. 주문을 받고 샐러드를 만드는 데 단 90초밖에 안 걸립니다. 24시간 작동이 가능해

90초 안에 주문한 음식을 서빙하는 샐러드 로봇 샐리

병원, 대학, 기숙사, 식당가 등 사람이 많은 곳이나 밤늦게 직원이 머물 수 없는 곳에서 고객이 셀프서비스로 이용할 수 있습니다. 사업자는 앱을 통해 샐러드에 부족한 내용물을 확인할 수 있고 매출액도 확인할 수 있으니 운영 비용을 많이 줄일 수 있겠죠?

아직 우리나라에서는 요리 로봇을 보기가 쉽지 않지만, 새롭게 시도하는 사례를 몇 가지 소개하려고 합니다. 미국에 스파이스가 있다면 한국에는 신스타(Shin Starr)가 있습니다. 신스타가 만든 한식당 '공돌이 부엌' 1호점이 2020년 8월에 개장했는

데, 식당에서 사용되는 로봇의 모양이 스파이스와 비슷합니다.

동영상에 나오는 것이 오토웍이라는 볶음 전문 로봇입니다. 오토웍은 오징어볶음, 제육볶음 등 12가지의 볶음 요리를 할 수 있죠. 정확히 말하면 이것을 로봇으로 말할 수는 없습니다. 조리 기구라고 보는 게 더 적합하죠. 그런데도 로봇이라고 하는 이유는 오토웍에 내장된 소프트웨어 때문입니다. 오토웍은 가맹점이 본사 홈페이지에 접속해서 수정되거나 새롭게 개발된 메뉴에 대한 레시피 알고리즘을 다운로드해서 활용할 수 있게 만들었습니다. 이렇게 되면 모든 가맹점에서 일관된 맛을 유지할 수 있겠죠. 프랜차이즈 식당에서 일관된 맛을 유지하는 것은 매우 중요합니다.

인간과 함께할 때 더욱 돋보이는 요리 로봇의 쓰임새

요리 로봇으로 만들 것인가, 아니면 인간을 보조하는 로봇으로 활용할 것인가 하는 관점이 중요합니다. 세상을 바라보는 가치관에 따라 우리의 행동이 결정되듯이 비즈니스 역시 기술을 바라보는 관점에 따라 방향성이 달라집니다. 기술에 대한 가치관이 그대로 투영돼 나타나는 것이 비즈니스 모델이죠.

30평 크기의 한식당을 운영하기 위해서는 일반적으로 5~6명의 주방 인력이 필요하다고 합니다. 그러나 자동화된 기기를 활용하면 2명의 인력으로도 충분합니다. 완전 자동화를 위해 드는 비용과 인간과 함께하는 로봇 사용 비용을 비교해 보면,

적어도 지금은 후자가 훨씬 저렴합니다. 대중화하기도 좋고요. 레시피의 알고리즘화도 중요합니다. 조리의 자동화도 중요하지만, 가맹점의 맛을 일관되게 유지할 수 있는 알고리즘을 활용하는 것도 요리 로봇을 활용하는 데 중요한 요소라는 것을 기억하기 바랍니다.

▶ 로봇이 치느님을 더 이롭게 하다

한국인의 소울 푸드는 치킨입니다. 1인 매장을 표방한 롸버트치킨은 생닭을 처음 손보는 것부터 튀기고 튀김기를 청소하는 것까지 모두 로봇이 합니다. 사람은 맛있게 구워진 치킨에 양념을 바르고 포장하는 정도의 일만 하면 됩니다.

치킨 만드는 로봇,
롸버트치킨

롸버트치킨을 만든 로보아르테의 강지영 대표는 인터뷰에서 치킨 로봇을 만든 이유를 시장성과 노동자의 건강 때문이라고 말합니다(강지영, 2021.08.02). 우리나라 치킨 시장의 규모는 약 7조 5,000억 원 정도인데요. 1년에 소비되는 프라이드치킨이 약 8억 마리고, 한 마리당 약 15분의 요리 시간이 필요하다고 합니다. 이렇게 많은 시간 동안 온전히 사람이 요리하는 것이죠.

문제는 치킨을 튀기는 과정이 사람의 건강을 해친다는 것입니다. 먼저 기관지가 안 좋아진다고 하는데요. 치킨이 기름에 튀겨지는 과정에서 나오는 미세 먼지, 폼알데하이드, 휘발성 유기 화합물, 일산화 탄소, 이산화 질소, 블랙 카본 등이 미세 분진으로 기관지에 쌓이게 되죠. 호흡기 문제가 발생하게 되는 것입니다. 치킨을 버무리고, 튀기기 위해서는 손목을 많이 쓰기 때문에 팔목에 무리가 가는 것도 큰 부작용 중 하나라고 하네요. 바로 이런 이유가 치킨 튀기는 로봇을 만든 계기가 됐다고 합니다. 별것 아닌 기계 같지만, 이렇게 혁신에는 가치가 스며 있습니다. 인간을 위한 로봇이라는 것이죠.

이번에는 커피입니다. 우리나라가 세계에서 세 번째로 커피를 많이 소비하는 나라라는 것을 알고 있나요? 우리나라 성인 1인당 커피 소비량은 2018년 기준으로 한 해 353잔입니다(박용정, 이정원, 한재진, 2019). 세계 평균 소비량

커피 만드는 로봇

이 132잔이니 약 세 배가 될 정도로 엄청난 양을 마시고 있습니다. 국내 커피 전문점의 매출액은 약 5조 원 규모입니다. 2020년 기준으로 스타벅스의 매출액이 약 2조 원이라고 하니, 얼마나 많은 사람이 커피를 마시는지 알겠죠?

커피를 만드는 과정은 단순합니다. 커피콩을 갈아서 에스프레소 기계에 넣고 뜨거운 물로 압력을 가해 추출하면 된답니다. 이때 추출된 커피를 그대로 담아서 내면 에스프레소, 물을 타면 아메리카노, 우유와 섞으면 라떼가 되죠. 핸드 드립도 마찬가

지입니다. 커피를 필터가 있는 드리퍼에 담은 후, 주전자로 뜨거운 물을 부으면 되는 것이죠. 반복해서 말하지만, 단순 작업은 인공지능과 로봇으로 대체되기 쉽습니다. 커피 로봇이 그 전형이죠.

커피도 만드는데, 아이스크림이라고 못 만들 이유는 없겠죠? 이런 로봇을 살펴보면 알 수 있는 것은 로봇이 움직이는 모든 동작이 똑같다는 것입니다. 컵이 있는 장소, 아이스크림이 나오는 구멍의 장소, 아이스크림을 담는 움직임, 아이스크림 컵을 놓아야 하는 위치는

아이스크림 만드는 로봇

고정되어 있고 로봇은 그 위치를 정확하게 찾아가서 물건을 들고 움직이는 것이죠. 공장에서 자동차를 만들고, 물건을 옮기는 단순 작업을 하는 로봇과 똑같은 논리입니다. 다만 크기가 작고, 우리 생활 영역 안에 들어와 있다는 차이일 뿐이죠.

산업용 로봇과 달리 서비스용 로봇이 일상생활에서 사용되기 위해서 신경 써야 할 것은 디자인입니다. 인간에게 서비스하는 로봇이기 때문에 늘 가까이 두고 싶을 만큼 매력적이어야 하기 때문이죠. 여러분 스스로 무언가를 구매할 때 주의 깊게 검토하는 게 무엇인지 질문해 보세요. 기능적으로 훌륭하다고 해도 디자인이 마음에 안 들면 구매가 꺼려지지 않나요? 더군다나 로봇은 인간과 상호 작용해야 하기 때문에 디자인의 중요성

은 더욱 강조됩니다. 그래서 서비스용 로봇을 보면 디자인에 상당한 노력을 기울인 것을 알 수 있습니다. 커피를 만드는 로봇이나 아이스크림을 만드는 로봇도 고급스럽게 보이고, 미래를 나타내면서도 친근한 디자인으로 만들어져야 사용자에게 사랑받을 수 있다는 것을 간파한 것이죠.

▷ 배달의 민족? 로봇의 민족!

배달 앱으로 잘 알려진 배달의 민족은 로봇 회사입니다. 무슨

로봇 회사로 변신 중인 배달의 민족

소리냐고요? 먼저 옆에 있는 동영상을 보시죠. 자율 주행 서빙 로봇 '딜리플레이트' 입니다. 가게 안에서 음식을 손님에게 가져다주는 역할을 하죠. 주방에서 만든 음식을 딜리플레이트에 올려놓은 후, 테이블 번호를 입력하면 테이블 앞까지 배달합니다. 손님이 많은 식당에서는 한두 대 정도 설치하면 인력을 꽤 절감할 수 있을 것 같죠?

하지만 서빙 로봇만으로 식당을 운영하기에는 어려움이 있을 겁니다. 〈인공지능, 너 때는 말이야〉에서도 말했지만, 인간의 힘을 완전히 배제한 채 인공지능이 최종 결정을 내리는 것보다는 인간과 인공지능이 협업할 때, 비용도 현저하게 절감할 수 있으면서 좋은 결과를 가져올 수 있습니다. 로봇도 마찬가지입니다. 인간의 생명이 위험하거나, 인간이 할 수 없는 일은 로봇이

전적으로 해야겠지만, 인간과 협업할 수 있는 상황에서는 로봇에게만 맡기기보다는 인간이 함께하는 게 더 효율적입니다. 딜리플레이트를 설치한 식당도 이렇게 협업하고 있습니다.

모든 곳에 딜리플레이트를 설치할 수 있는 것은 아닙니다. 로봇이 다니는 통로의 폭이 85cm 이상 되어야 하고 바닥이 평평해야 합니다. 로봇이 사람이나 테이블에 부딪히지 않는 것은 공간을 인식하는 센서가 있기 때문인데, 이 센서에 방해를 주는 것도 없어야겠죠. 대표적인 방해물의 예가 햇빛입니다. 그래서 햇빛이 들어오는 천장이나 창문은 블라인드로 가려 줘야 합니다.

딜리플레이트는 서울 수도권을 비롯한 대전, 세종, 충청도, 강원도의 약 300여 개 매장에 설치됐다고 합니다(2021년 12월 기준). 식당이다 보니 뜨거운 음식 때문에 화상 위험이 있을 수 있을 텐데요. 그렇기에 로봇의 안전한 사용이 더욱 중요하겠죠? 다행히 한 번도 돌발 사고가 일어난 적 없다고 합니다. 센서의 정확도와 이동성이 조화를 이룬 덕이겠죠.

비용은 얼마나 될까요? 현재 딜리플레이트는 대여 서비스로 제공되는데, 24개월 약정에 월 50만 원이라고 합니다. 일반적으로 식당이 한 달에 30일, 그리고 오전 11시에서 오후 9시까지 운영된다고 하면 딜리플레이트를 총 300시간 운행할 수 있게 되니 시간당 1,666원이 들겠네요. 2022년 기준 최저 시급이

다양한 종류의 딜리플레이트(그림 7)

9,160원이니, 인력을 고용하는 것보다 1/5 정도의 비용만 드는 셈이군요. 식당에서는 마다할 이유가 없겠죠?

제가 자주 가는 고깃집이 있는데, 이 식당도 딜리플레이트를 사용하더군요. 식당에서 식사하는 손님들이 이 서빙 로봇을 어떻게 생각할까 궁금해서 식당에 갈 때마다 유심히 보곤 합니다. 그런데 생각과는 달리 손님들이 서빙 로봇에 별 관심을 보이지 않더군요. 저처럼 자주 와서 이미 딜리플레이트가 익숙해졌는지는 몰라도 손님 대부분은 그저 슬쩍 쳐다볼 뿐, 계속 식사하거나 다시 이야기를 나누었습니다.

이 모습은 로봇이 우리와 함께하는 일상을 잘 나타내 준다고 생각합니다. 로봇이라고 하면 뭔가 대단한 것처럼 로봇 주변을 둘러싸고 신기한 듯 쳐다볼 것 같지만, 시간이 지나면 일상의 한 부분으로 천천히 우리 삶 속에 스며들게 될 것입니다. 우리의 일상에서 함께할 로봇에 관해 더 알아보도록 하죠.

▷ 배달 팁은 안 주셔도 됩니다!

배달의 민족의 로봇 개발은 가게용 서빙 로봇에만 멈추지 않습니다. 배달의 민족은 이미 2017년부터 자율 주행 배달 로봇 '딜리'를 만들었습니다. 딜리는 2019년 11월 25일부터 12월 20일까지 건국대학교 캠퍼스에서 시범 운영됐습니다. 건국대학교는 호수가 있을 정

자율 주행 배달
로봇 딜리

도로 캠퍼스가 크고, 높은 언덕이 없어 주행 테스트를 하기에 적절한 장소였을 겁니다. 게다가 대학교이기 때문에 아무래도 돌발 상황의 발생 가능성이 상대적으로 낮죠. 복잡한 거리, 어린아이들이 기계에 익숙하지 않은 어르신들이 계신 곳은 아무래도 테스트를 하기에는 위험이 따르니까요.

또한 학교 내 9개 장소에 배달 로봇 정류장을 만들고, 각 정류장에는 QR코드를 부착해서 정류장을 인식하게 했습니다. 주문자는 배달의 민족 앱으로 QR코드를 찍어서 가게 목록을 확인하고 메뉴를 골라 결제하는 방식을 취했죠.

6개의 바퀴가 달린 딜리는 시속 4~5km 속도로 달리는데 인간의 걷기 속도와 비슷합니다. 1회 충전에 8시간 이상 주행이 가능하고, 야간 주행도 가능합니다.

배달통은 25L 크기입니다. 한 번에 음료 12잔 또는 샌드위치 6개를 배달할 수 있는 크기이니 1~2인용 음식 배달에 적합

할 듯합니다. 우리가 대형 마트에 가서 한 번에 많은 양을 구매하는 것을 생각하면 적다고 느낄 수도 있겠지만, 1인 가구가 많아지는 시대에 소량으로 자주 주문하는 라이프 스타일을 반영한 것은 아닐까 생각해 봅니다.

아무리 조심한다고 해도 사고 발생 가능성은 늘 염두에 두어야겠죠? 그래서 혹시 모를 충돌에 대비해서 부드러운 소재의 에어백으로 외장 전체를 감쌌습니다. 보행자의 도움까지 받으면 더 안전할 수 있으니, 밤에는 딜리가 잘 보이도록 LED를 기기에 장착해서 움직이고 있다는 것을 보행자에게 알려 줍니다.

2020년부터는 엘리웨이 광교에서 시범 운행됐습니다. 4계절, 비가 오나 눈이 오나 배달한 결과, 260일 동안 총 누적 주문자는 543세대였고 평균 배달 시간은 20분, 배달 거리는 591.5km에 달했습니다. 가게에서 주문을 받으면 물건을 잘 담아 아파트 공동 현관문 앞까지 배달하고 주문자는 여기에서 물건을 받습니다. 이런 과정에 재미있는 일이 많이 벌어졌다고 하네요. 비를 맞고 가는 딜리를 위해서 우산을 씌워 주는 아이가 있는가 하면, 마치 강아지처럼 생각된다는 주민도 많았다고 합니다. 말 그대로 일상으로 들어온 로봇의 대표적인 사례가 아닐까 합니다.

지금까지 소개한 로봇에서 배울 수 있는 교훈은 무엇일까요? 치킨을 튀기고, 커피를 만들고, 아이스크림을 만드는 것으로 끝날까요? 핵심은 로봇이 모든 매장에 들어갈 수 있다는 확장성입니다. 로봇이 치킨을 튀기고 커피를 만들었으니 앞으로는 갈비와 생선을 굽는 한식 전용 로봇 셰프도 등장하지 않을까요? 우리가 가는 식당 주방에 로봇이 설치될 날도 머지않았습니다.

단순 작업은 로봇이 대체하기 쉽습니다. 지금은 커피 로봇이 사람의 눈길을 끄는 일종의 매력 포인트로 존재하지만, 시간이 지나 커피 로봇의 가격이 인건비보다 저렴하다고 계산되는 순간 커피 로봇의 대중화는 순식간에 이루어질 것입니다. 맥도날드에서 커피 전문점까지 키오스크가 사람을 대체한 것처럼, 커피 로봇 역시 사람을 대체할 것입니다. 시간문제일 뿐이죠.

희망과 도전을 입다,
웨어러블 로봇

▷ 진정한 로봇의 가치는 장애를 극복하는 힘

지금까지 소개한 로봇은 어찌 보면 논쟁의 여지가 있는 사례였습니다. "꼭 커피를 만들고, 치킨을 튀기기 위해 로봇이 필요해?", "청소하고 배달하는 데 로봇이 반드시 필요한 것은 아니잖아?"라고 이야기한다면 어떻게 답할 수 있을까요?

기술 혁신이 인류의 생활 방식에 큰 변화와 영향을 가져온 것 중에 산업혁명이 있습니다. 산업혁명이 지닌 의미는 만성적인 배고픔에 허덕이던 삶을 극복하고, 수요를 초과하는 공급을 만들었으며, 많은 사람이 풍요로운 삶을 살 수 있는 기반을 마런한 것입니다. 기술 혁신은 인간에게 노동력과 시간, 비용을 절 감시키고 풍요를 가져다줬습니다. 인간의 노동력을 줄이기 위해 로봇을 사용하는 것 역시 인간이 더 나은 삶을 살기 위한 하나 의 과정입니다.

움직임에 장애를 겪는 사람들을 위한 다양한 로봇

그러나 이와 같은 의미에도 불구하고, 산업용 로봇이 아닌 일상생활에서 인간과 함께하는 로봇이 정 말 꼭 필요한 기술인가에는 의문이 들 수 있습니다. 이번 장에 서는 누구라도 로봇의 필요성에 동의할 수밖에 없는 사례를 통 해 로봇의 확산이 인간에게 주는 의미를 찾고자 합니다.

이주현 님은 2019년 1월 교통사고로 척추 골절이라는 큰 부상을 당했습니다. 척추 신경이 손상되면 사지 마비 또는 하 반신 마비를 초래하는데, 이주현 님은 하반신 마비 진단을 받 았습니다. 이제 막 고등학교 졸업을 앞둔 열아홉 소녀에게 닥 친 청천벽력 같은 일이었습니다. 사고가 발생하고 5개월이 지난 후, 이주현 님은 웨어러블(wearable) 로봇이라 불리는 외골격 (Exoskeleton) 로봇을 입고 걷는 연습을 시작했습니다. 하반신 마비와 같은 신체장애를 가진 선수들이 보조 공학 기술을 적용 한 최첨단 로봇을 이용해 운동 경기를 치르는 국제 대회인 사이 배슬론(Cybathlon) 대회에 참가하기 위해서였죠.

사이배슬론은 장애가 있는 사람이 인공지능, 로봇 등 보조

공학 기술을 통해 경쟁하는 국제 대회로, 4년마다 열립니다. 외골격 로봇을 비롯해 보행 보조 기구, 바이오닉 핸드 및 팔, 보조 도구를 활용한 사이클링, 전동 휠체어, 뇌파를 이용한 내비게이션 등 총 6가지 종목으로 구성돼 있습니다. 2016년에 처음 시작

사이배슬론은 기술이 장애를 극복할 수 있다고 믿습니다

해 2020년 두 번째 대회를 치른 새내기 국제 대회지만 그 의미는 작지 않습니다. 외골격 로봇 대회는 소파에 앉았다가 일어선 후에 컵 쌓기, 장애물 지그재그 통과하기, 울퉁불퉁한 길 지나가기, 계단 오르내리기,

옆 경사로 지나가기, 경사로를 오른 후 문 통과하기 등 여섯 개의 미션으로 구성되어 있습니다. 비장애인에게는 어렵지 않은 미션이지만, 신체 마비 환자가 보조 기구를 사용해서 이렇게 움직이는 건 쉽지 않은 일입니다. 10분 안에 여섯 개의 미션을 통과해야 하는 경기인데, 2016년 첫 대회에서는 단 한 팀도 이 과제를 성공한 팀이 없을 정도이니 얼마나 어려운 과제인지 가늠이 되나요?

2020년 대회에서 외골격 로봇 부분에 이주현 선수와 김병

사이배슬론 2020 외골격 로봇 대회

욱 선수가 참여해 각각 동메달과 금메달을 획득한 것은 개인의 노력과 로봇의 기능이 잘 어우러진 결과였죠. 이들이 착용한 로봇은 '워크온슈트4'라는 국내 제품이었습

니다. 신체 내외 변화에 관한 정보를 받아 뇌와 소통하는 척수의 기능은 제어기에 있는 컴퓨터가, 근육의 기능은 모터가 담당하는 '워크온슈트4'는 버튼으로 조작해 움직입니다. 시간당 2.4km를 걸을 수 있다고 하니 비장애인이 천천히 걷는 속도와 비슷하죠. 게다가 30걸음만 걸으면 보행 패턴을 학습하기 때문에 개인마다 다른 걸음 방식도 잘 적응할 수 있습니다. 아직은 대회용으로 제작돼 일반적인 상용화는 더 기다려야 하지만, 이렇게 출발한 웨어러블 로봇이 장애인에게 주는 희망은 그 무엇과도 비교할 수 없겠죠?

▶ 우리에게는 아이언맨보다 하디맨이 필요해

우리나라 국민 중 약 5.1%인 263만 3,000명이 장애인으로 등록되어 있습니다(보건복지부, 2021.04.19). 그리고 국민건강보험공단의 2018년 통계 자료에 따르면 마비 질환으로 진료받은 인원이 약 7만 5,295명(2016년 기준)에 달한다고 합니다(신재우, 2018). 이 중 많은 사람이 걷고 움직이는 데 불편을 겪을 것입니다. 노인의 경우에는 다양한 이유로 걷는 데 불편한 경우가 많으니 이 숫자도 무시할 수는 없겠죠.

이러한 이유로 하반신 마비 장애인, 노약자 등 거동이 불편한 사람이 스스로 일어나고 보행하며 일상생활을 할 수 있도록 돕는 웨어러블 로봇의 개발이 활발히 이루어지고 있습니다. 예전에도 하반신 마비 장애인을 위한 웨어러블 로봇이 개발되었으나, 로봇 무게가 너무 무거워서 조작이 힘들다는 문제가 있었습니다. 무거운 로봇을 착용하고 하반신 마비 장애인이 걷는다는 것은 힘든 일이죠. 외골격 로봇의 핵심은 로봇의 무게를 얼마나 최소화하느냐에 달려 있습니다. 인간이 자연스럽게 걷는 모습을 가장 잘 따라 하기 위해서 무게 중심을 설계하고 하중을 분산시키는 게 바로 기술력이죠.

또 다른 문제는 가격입니다. 이 모든 것이 최첨단 기술을 사용하기 때문에 꽤 비싸게 판매됩니다. 그래서 외골격 로봇은 장애인용보다는 산업 현장에서 더욱 많이 사용되어야 합니다. 대량 생산이 돼야 가격이 저렴해질 수 있기 때문이죠. 그렇다면, 이처럼 장애인이 사용하는 외골격 로봇이 어떻게 산업 현장에 사용될 수 있을까요?

최초의 외골격 로봇은 미국 국방부에서 군인들이 무기와 같은 무거운 물건을 옮기는 데 도움을 주기 위해 만들어졌습니다 (Rosen, et al., 2001). 기계 장치를 몸에 부착해서 힘을 더 쓸 수 있게 만들려고 했죠. 그래서 처음에는 '인간 증폭기(man-amplifier)'라는 이름으로 불렸습니다. 인간을 증

최초의 외골격 로봇, 하디맨(그림 8)

폭한다, 쉽게 말해서 인간의 힘을 증진시킨다는 의미입니다. 똑같은 능력이지만, 기계 장치로 힘을 증폭시키려는 시도였죠.

첫 번째 프로토타입은 1965년에 육군과 해군의 의뢰로 GE에서 만들었습니다. '하디맨(Hardiman)'으로 불린 이 외골격 로봇은 27kg 무게를 드는 힘으로 무려 680kg 무게를 들 수 있을 정도로 큰 성과를 보였으나 더 이상 개발을 할 수 없었습니다. 로봇의 무게가 개인이 조작하기 불가능할 정도로 무거웠고,

1970년대 이런 외골격 로봇을 만들었다는 것이 믿어지나요?

거대한 크기에 필요한 전력을 공급하기 힘들었기 때문입니다. 성능과 크기가 비례했기 때문에 높은 기대 수준을 충족하기 위해서는 그만큼 커질 수밖에 없었는데, 당시의 기술력으로는 이러한 단점을 해결할 방안을 찾기 어려웠습니다.

그러나 기술의 발전은 외골격 로봇의 역사를 새롭게 만들고 있습니다. 소재의 경량화, 연산 처리의 고속화, 부품의 소형화와 내구성 강화, 배터리의 효율성 증가, 구동을 위한 운영 체계의 고성능화, 정교하고 세련된 구동 장치 덕분에 우리는 웨어러블 로봇의 대중화를 눈앞에 두고 있습니다.

외골격 로봇이 국방부의 의뢰로 처음 만들어지기는 했지만, 궁극적인 목적은 역시 전형적인 산업 현장의 요구를 해소하는 데 있었습니다. 힘든 작업을 하는 노동자에게 발생 가능한 문제

점을 제거하고, 작업 능률을 높이기 위한 목적이었죠. 순간적으로 큰 힘을 주어 무거운 물건을 다루어야 하거나, 단순 반복 작업을 해야 하는 공장 업무는 생산직 노동자는 근골격계 질환에 걸리기 쉽습니다. 그래서일까요? 외골격 로봇을 가장 적극적으로 채택하는 산업이 바로 자동차 산업입니다.

▶ 벡스와 첵스가 만드는 친건강, 작업 효율성

Part 1에서도 밝혔지만 현대차 그룹은 로봇 회사입니다. 앞에서는 보스턴 다이내믹스를 주로 설명했다면, 이번 장에서는 인간의 한계를 극복하는 데 도움을 주는 웨어러블 로봇을 소개하고자 합니다. 현대차 그룹은 팔을 들어 올리고 장시간 작업하는 노동자들의 근력을 보조해 주는 조끼형 외골격 착용 로봇인 '벡스(VEX, Vest Exoskeleton)'를 개발했습니다.

세계 최초로 인체 어깨 관절을 따라서 만든 다축 궤적 구조와 멀티 링크 구조의 근력 보상 장치를 적용해 활동성과 내구성을 높였습니다. 쉽게 표현하면, 그림 9에서 보듯이 사람의 어깨 관절처럼 자유롭게 움직일 수 있도록 만들었습니다.

Part 1의 내용을 잠시 복습할까요? 근육 역할을 하는 액추에이터는 로봇의 축마다 들어가고, 축을 얼마나 많이 사용하는지에 따라 조종 장치의 움직임이 좌우된다고 했죠? 축의 숫자가 많아질수록 당연히 구동이 더욱 세련되고 정교화되는 것이

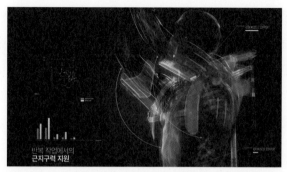

반복 작업에서의
근지구력 지원

4절 링크 구조는 인체 관절과 동일한 구동 범위를 갖습니다.(그림 9)

고요. 다축 궤적 구조와 멀티 링크 구조는 바로 이러한 축의 숫자가 많아진 것으로 보시면 됩니다. 만일 자유롭게 움직일 수 없다면 불편함과 비효율성 때문에 사용자가 착용을 거부할 수 있을 테니, 이 부분은 웨어러블 로봇을 개발하는 데 중요한 요소입니다.

기계식 구조만으로도 작동이 가능해서 충전이 필요하지 않다는 것도 큰 장점입니다. 충전하려면 배터리가 내장되어야겠죠? 배터리가 내장되는 만큼 무게가 늘고 부피가 커지며 비용도 증가하겠죠. 무동력으로 작동한다는 점은 매우 큰 장점입니다. 게다가 2.5kg 밖에 되지

현대차 그룹이 만든 조끼형 착용 로봇, 벡스

않을 정도로 가볍고 간편하게 착용할 수 있으니 사용자 입장에서는 편리하겠죠. 벡스는 현대차 그룹뿐만 아니라 위를 보며 팔

을 들어 올려 작업해야 하는 제조업, 물류업 등에서 노동자의 근골격계 질환을 줄이고, 작업 효율성을 높이는 데 유용하게 사용될 수 있습니다.

'첵스(CEX, Chair Exoskeleton)'는 작업자의 앉은 자세 유지를 돕는 무릎 관절 보조 로봇으로 의자형 외골격 착용 로봇입니다. 1.6kg으로 매우 가볍지만 최대 150kg까지 지탱이 가능하다고 합니다. 벨트를 활용해 착용법이 간편하고 사용자의 키에 맞게 길이를 조절할 수 있습니다. 앉을 때는 85도, 70도, 55도 등

현대차 그룹은 다양한 로봇을 제조하는 로봇 회사입니다.

의 세 가지 각도로 설정이 가능해 자세에 따라 원하는 높이를 맞추는 것이 가능하죠. 첵스를 사용하면 허리 및 하반신 근육의 활성도가 약 40% 줄어들어 작업 효율성이 대폭 향상된다고 하니 사용자에게도 기업에도 이익을 가져다주겠죠.

포드 자동차 공장에 도입된 엑소베스트

이러한 자동차 회사의 외골격 로봇 개발은 현대차 그룹에 국한되지 않습니다. 사실 세계적으로 널리 알려진 것은 포드(Ford)와 엑소 바이오닉스(Ekso Bionics)가 공동 개발한 외골격 로봇인 '엑소베스트(EksoVest)'입니다. 이미 2018년에 전 세계 15개 공장에 도입됐죠.

엑소 바이오닉스사가 그동안 걸어온 길을 되돌아보면 외골

격 로봇의 대중화가 어떤 방식으로 이루어질지 예상할 수 있습니다. 처음에는 군사용으로 제작되었던 외골격 로봇이 어떻게 하면 산업용으로 널리 보급돼 자연스럽게 장애인용으로 저렴하게 활용될 수 있을지 살펴보겠습니다.

▷ 척수 손상 환자를 걷게 만드는 외골격 로봇

엑소 바이오닉스는 버클리 엑소웍스(Berkeley ExoWorks)란 이름으로 2005년에 설립됐습니다. 처음부터 외골격 로봇 전문 업체로 시작했는데, 2007년에 군사용 외골격 로봇인 '헐크(HULC : Human Universal Load Carrier)'를 만들면서 널리 알려지게 됐습니다. 헐크

군대에서 사용하기 위해 제작된 외골격 로봇, 헐크

는 병사가 시간당 최고 16km 속도로, 최대 90kg 무게의 짐을 운반할 수 있도록 제작됐습니다. 이렇게 무거운 짐을 이렇게 빨리 옮길 수 있을까 의심이 들 정도로 대단한 성과입니다.

헐크의 성공은 자연스럽게 의료용 외골격 로봇으로 확장됐습니다. 특히 척수 손상 환자를 위한 외골격 로봇인 엑소GT를 제작해서 2013년에는 의료용 기기로 등록했죠. 배터리 등 해결해야 할 많은 문제점이 있

척수 손상 환자용 외골격 로봇, 엑소GT

었지만, 특히 가격이 큰 걸림돌이었습니다. 10만 달러(1억 2,000만

원)이 넘는 비용 때문에 개인이 구매해서 사용하기는 힘들었죠. 그래서 병원이나 클리닉에서 재활 목적으로 사용됐습니다.

앞에서도 밝혔지만, 군대에서 무거운 물건을 옮기기 위해 개발된 외골격 로봇은 동일한 목적으로 산업 현장에서 사용될 수 있겠죠? 자동차 회사인 포드는 병사가 착용한 외골격 로봇을 보고 자사 공장에 활용할 목적으로 엑소 바이오닉스와 함께 엑소베스트를 만들었습니다. 키 158~192cm 사이의 성인에게 적합한 크기로 만든 엑소베스트는 팔 하나당 2~7kg 물건을 들기 쉽게 만들었습니다. 무엇보다도 팔과 어깨를 받쳐 주기 때문에 근골격계 부담을 줄이고 관련 부상을 예방할 수 있죠.

외골격 로봇을 도입하기 위해 많은 비용이 드는데도 도입하는 이유는 작업의 효율을 향상시키고 부상을 방지할 수 있기 때문입니다. 조사 결과, 엑소베스트는 팔이나 허리에 가해지는 힘을 40% 정도 줄여 준다고 하니 그만큼 노동자에게 더욱 안전하고 건강한 작업 환경을 마련한 것이죠. 하루에도 수천 번씩 위를 보며 작업해야 하는 노동자에게 이와 같은 작업 개선은 로봇 도입 비용 이상의 이점이 있습니다.

이렇게 기업에서 외골격 로봇을 적극적으로 받아들이면 생산 단가는 떨어지게 됩니다. 외골격 로봇 회사는 대량 생산을 위한 공장을 짓고, 자동화를 통해 더 많은 로봇을 더 싼 가격에 시장에 내놓을 수 있게 되죠. 또한 외골격 로봇 시장이 커지면 제조 회사도 다양해집니다. 위에서 언급한 회사 외에 이스라엘의 리워크(ReWalk), 미국의 파커 하니핀(Parker Hannifin), 일본의 사이버다인(Cyberdyne), 우리나라의 엔젤로보틱스(Angel Robotics) 등 몇 개의 회사가 외골격 로봇으로 유명한데요. 더 많은 기업이 시장에 참여하게 되면 제품은 다양해지고, 기술 개발이 빨라지며 시장이 커지는 선순환이 이뤄지게 됩니다.

장애인이 사용할 외골격 로봇은 결국 산업용 로봇 기술 발전과 같은 길을 걷습니다. 처음부터 의료용으로 제작해서 보급한다면, 개인이나 병원은 큰 비용을 치러야 하고 그만큼 보급은 더뎌질 것입니다. 그래서 산업 현장에 가능한 한 빨리 그리고 널리 보급되어 생산 단가를 낮춰야 합니다. 이렇게 개발된 기술은 고스란히 의료용으로 사용될 수 있습니다.

누군가에게 로봇은 있으면 좋고 없어도 큰 불편함이 없는 선택의 대상일 수 있지만, 누군가에게는 절대적으로 필요한 희망의 존재일 수 있습니다. 우리가 로봇에게 기대하는 것은 단지 인간의 노동력을 대신하는 것에 머물지 않습니다. 인간의 삶을 윤택하고 풍요롭게 만들 수 있다면, 로봇의 쓸모는 더욱더 많아지겠죠. 장애가 있는 사람이 육체적 한계를 뛰어넘게 도와주는 웨어러블 로봇은 우리가 왜 로봇에 관심을 가져야 하는지 알려주는 하나의 예입니다.

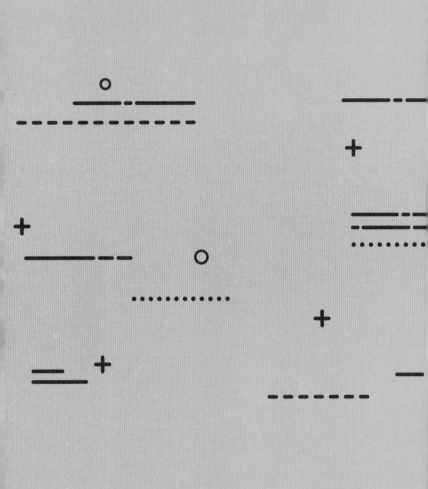

PART 3

로봇,
우리
친구 할래?

인간의 성격과
감정을 지닌 로봇

▷ 너와 있으면 마음이 편안해

아래 있는 동영상을 먼저 보실까요? 2017년 11월에 선보인 소셜 로봇 '지보(Jibo)'입니다. 지보는 인간의 모습을 하고 있지 않습니다. 크기도 30cm가 채 되지 않을 정도로 작죠. 별것 아닌 것 같지만 지보는 세계 최초의 소셜 로봇입니다. 외적으로는 인간의 모습을 하지 않았지만 인간과 커뮤니케이션할 수 있는 인공지능 기술이 뛰어나죠. 대화할 수 있을 뿐만 아니라 인간의 표정을 통해 감정

지보를 만든 브리질 박사가 설명하는 소셜 로봇의 의미

을 읽어 낼 수도 있습니다.

소셜 로봇이란 사람과 사회적 관계를 맺을 수 있는 로봇을 의미합니다. 소셜 로봇은 서비스용 로봇에 포함되며 인간과 함께한다는 의미에서 반려 로봇(companion robot)이라고도 합니다. 사회적 관계는 중요합니다. 사회적 관계를 형성하고 유지하지 위해서는 우리 사회의 가치와 규범 등을 이해할 수 있어야 하죠. 그리고 이러한 관계는 커뮤니케이션을 통해 이루어집니다. 짐작했듯이 소셜 로봇은 필연적으로 인공지능이 탑재돼야 합니다. 소셜 로봇은 사람과 같이 커뮤니케이션하고 상호 작용하는 과정을 통해서 우리가 원하는 목적을 달성하는 데 도움을 주기 위해 제작됐습니다.

이미 만화나 영화에서 인간과 로봇이 친구와 같은 관계를 맺는 스토리가 많이 나왔기 때문에, 소셜 로봇을 만들려는 시도는 놀랍지 않습니다. 사회적 관계를 기반으로 한 로봇이므로 쓰임새도 다양합니다. 교육, 안내, 돌봄, 엔터테인먼트 등 우리 인간이 사회적 관계를 맺는 분야에 적용할 수 있죠. 어떻게 하면 사람과 유사한 지능을 부여할 수 있느냐가 문제입니다.

소셜 로봇은 커뮤니케이션하기 위한 사회성을 충분히 습득해야 합니다. 단어의 뜻을 이해하는 것이 아니라 맥락을 이해해야 하는 거죠. 대화 상대의 기분을 파악해야 그에 맞게 대화할 수 있지 않을까요? 내 기분이 우울한데 소위 '분위기 파악 못 하고' 말을 거는 로봇과는 대화하고 싶지 않을 것입니다.

이러한 이유로 지보를 만든 MIT 대학의 브리질(Cynthia Breazeal) 교수는 인공지능이 우리 일상생활에 미치는 긍정적 영향에 대한 연구를 진행해 왔습니다. 성취감이나 좋은 관계를 유지하는 것과 같은 긍정적 감정(positive emotion)에 중점을 두었는데, 브리질 교수는 이때 '관계적 인공지능(relational AI)'이라는 용어를 사용합니다. 소셜 로봇이 인간에게 긍정적 관계를 형성할 수 있는 인공지능을 개발하는 것이죠. 로봇의 존재 이유는 결국 궁극적으로 인간을 행복하게 만들기 위해서가 아닐까요? 그런 점에서 브리질 교수의 시도는 의의가 있습니다.

소셜 로봇이 아이들을 가르치면 긍정적 결과를 가져올 수 있을까요? 선생님께서 애정을 듬뿍 담아서 하나씩 차분하게 설명하는 게 학생에게 정서적으로나 교육적으로 좋은 영향을 주겠죠. 그러나 현실적으로 선생님이 모든 학생에게 관심을 기울이는 것은 쉽지 않습니다. 우리나라 초·중·고등학교의 한 학급당 평균 학생 수가 20명이 넘어(구무서, 2019.09.29, 이연희, 2021.09.16) 선생님이 모든 학생을 돌보기가 쉽지 않은데, 한 학급에 선생님과 소셜 로봇이 함께 있다면 어떨까요?

그래서 브리질 연구팀은 교육용 로봇 '테가(Tega)'를 만들었습니다. 미취학 어린이를 위한 로봇이죠. 테가는 동화책을 읽어주고 대화도 할 수 있습니다. 단어 공부를 시킨 후, 아이가 잘 따

라오는지 테스트하기도 합니다. 시험지에 문제를 푸는 형식이
아니라, 자연스럽게 이야기하는 거죠. "혹시 기억나는 내용이

어린이를 위한 교육용 로봇으로 제작된 테가

있으면 말해 줄래?", "아, 그러면 이 단어의
뜻은 뭐야?" 하고 말이죠. 시험이 아니라
대화하는 것처럼 느껴지니 아이들은 신나
서 이야기하고 그 과정에서 학습이 이루어
지게 됩니다.

수준이 너무 낮으면 교육 효과를 기대하기 힘들겠죠? 그래
서 지보의 지능을 향상시키기 위한 노력을 끊임없이 하고 있
습니다. 지보를 만든 연구팀에서는 지보가 인간에게 평안함
(emotional wellbeing)을 부여할 수 있도록 사용자 대상 연구
를 진행 중입니다. 로봇이라고 하더라도 인간과의 관계를 형성
하는 걸 목적하기 때문에 정서를 중시하는 적절한 접근법이라
고 할 수 있습니다.

▷ 인문사회과학 전공자가 로봇을 연구하는 이유

소셜 로봇은 외모도 중요하지만 인간에게 어떤 식으로 상
호 작용할지 프로그래밍되는 것 또한 중요합니다. 사람이 로봇
과 어떻게 관계를 유지할 것인가를 결정하면, 로봇이 그대로 행
동할 수 있기 때문이죠. 이를 브리질 교수는 '관계적 인공지능
(relational AI)'이라고 말합니다. 관계적 인공지능은 긍정적 정

서, 의미, 성취감, 관계 등 인간의 상호 작용에서 경험하는 모든 것으로 고려해야 합니다. 그래서 소셜 로봇은 사회 심리학, 정서 심리학 등에 기반해서 디자인됩니다.

사용자가 소셜 로봇과 이야기할 때는 어떤 '사람'과 상호 작용하고 있다고 느껴야지, 어떤 '사물'과 하고 있다고 느껴서는 안 될 것입니다. 소셜 로봇이 필요한 이유는 사용자보다 뛰어난 지적 능력을 자랑하기 위함이 아니라 정서적 교감을 나눔으로써 관계를 형성하기 위함입니다. 그래서 소셜 로봇을 개발할 때 가장 신경 쓰는 것은 로봇의 개성(personality)과 사회성(sociability)입니다. 글을 읽고 사용자가 궁금해하는 것을 척척 대답하는 것보다는 말하지 않아도 사용자의 얼굴을 분석해서 현재 어떤 기분인지 파악하고, 사용자가 보이면 고개를 돌려 "안녕!" 하고 인사할 수 있어야 하며, 대화 중에 "정말?", "와!"하며 반응을 보여 주는 것이 더 중요합니다. 농담까지 곁들일 수 있다면 최고의 친구가 될 수 있겠죠.

소셜 로봇은 다양한 분야에서 활용될 수 있습니다. 앞서 소개한 테가는 교육 분야에서 어린이를 대상으로 훌륭한 선생님이자 친구의 역할을 합니다. 선생님의 역할을 해야 한다고 해서 일방적으로 가르치는 것이 아니라, 친구처럼 행동하고 같은 또래의 목소리로 어린이가 해야 할 일을 격려하며 힘을 북돋습니다. 테가는 일대일 수업을 하는 것은 물론이고, 아이들과 공감

하며 그 학생에게 최적화됩니다. 개인화 서비스를 하게 되는 것이죠. 테가로부터 이렇게 개인화된 서비스를 받은 아이들은 더 많이 활동하고 훨씬 높은 단어 이해와 이야기 구사력을 보여 주었습니다(Westlund, et al., 2018). 아이들은 모르지만 내장형 카메라가 있어서 부모님이나 선생님이 녹화된 영상을 보고 아이의 말과 행동과 같은 커뮤니케이션을 분석할 수 있는 것은 또 다른 장점입니다.

노인에게도 로봇은 훌륭한 친구가 될 수 있습니다. 특히 만

성적인 외로움을 갖고 있는 노인에게 좋은 친구가 될 수 있습니다. 함께 시간을 보내고 말을 나눌 수 있는 사람이 주변에 없을 때는 로봇이 훌륭한 벗이 되어 주는 것입니다. 또한 친구나 이웃과 사회적 유대를

고독한 노인에게 소중한 존재는 누구일까요?

쌓는 데 도움이 되기도 하죠. 로봇을 매개체로 대화를 나눌 수 있기 때문입니다. 이렇게 로봇이 사람과 함께 살아가는 모습을 생각하면 로봇이 인간에게 어떻게 반응해야 하느냐의 문제가 있을 수 있습니다.

사회 심리학자인 고프만(Goffman, 1959)은 우리가 살아가는 삶을 연극에 빗대어 다른 사람과 만나며 관계를 형성하고 유지할 때 늘 인상 관리를 한다는 자아 연출을 이야기했습니다. 원하는 목표를 달성하기 위해서 자신이 어떻게 보이면 좋을까

생각하고 그렇게 보이기 위해 노력한다는 것이죠. 사랑하는 사람 앞에서 더 잘 보이기 위해 노력하고, 취업 면접장에서 자신이 왜 이 회사에 들어와야 하는지 모든 것을 보여 주려고 하는 것이 본질적으로 모두 연극 무대에서 벌어지는 자기표현이라고 보는 것입니다.

그렇다면 소셜 로봇은 인간에게 어떻게 보여야 할까요? 인간과 같은 태도를 보여 줄 수 있을까요? 있다면 어떤 식으로 대하라고 훈련을 받아야 할까요? 늘 친절하고 복종해야 할까요? 당연히 늘 화를 내고 짜증 내는 존재로 만들지는 않겠죠. 그러면 인간처럼 가능한 한 친절하게 지내다가 특정 상황에서는 때로는 단호하게, 때로는 화를 내는 모습도 필요할까요? 이럴 경우 인간은 로봇을 어떻게 대할까요? 약자에게 대하듯 강하고 엄격할까요, 아니면 친구처럼 대할까요? 로봇을 만들 때 이런 것을 고려해서 무조건 수긍하게 만들까요? 아니면 사용자와의 상호작용에 따라, 분위기에 따라 맺고 끊는 것을 분명히 하며 적절한 관계를 유지하는 것이 필요할까요? 이것이 바로 로봇 분야에 인문사회과학자의 역할이 중요한 이유입니다.

▷ 나와 말이 잘 통해야 친구 아니겠어?

선생님도 되고, 친구도 되는 로봇이 고객 접대 로봇으로 활용될 수 있다고 생각하는 것은 자연스러운 접근이겠죠. 여러분이 생각하기에 고객 접대 로봇이 가져야 하는 가장 중요한 가치는 무엇이라고 생각하나요? 어려울 것 없습니다. 여러분이 좋아하는 제품을 사기 위해 또는 서비스를 이용하기 위해 매장에 갔는데, 그곳에서 여러분을 맞이하는 직원이 로봇이라고 생각하면 이 로봇에게 어떤 것을 기대할까요?

먼저 확실하게 해야 할 것은, 로봇이 인간을 대체한다고 해서 모든 매장에 로봇이 있지는 않을 것이라는 점입니다. 키오스크(kiosk)가 대표적인 예인데요. 고객 혼자서 할 수 있는 일은 우선 키오스크로 대체될 겁니다. 그리고 키오스크로 대체될 수 없는 곳, 가령 비행기를 타기 위해 몸수색을 해야 하거나 변

로봇의 쓰임새는 점점 다양해지지만, 모든 분야에서 인간을 대체하지는 못합니다.

호사 상담처럼 비싼 비용이 드는 경우와 같이 사람을 채용하는 것보다 로봇을 사용했을 때 비용이 적게 드는 분야에서 로봇을 채용(?)할 겁니다. 〈인공지능, 너 때는 말이야〉에서 든 예를 다시 소개하면, 사람 변호사에게 30분이 걸리는 법률 분석을 인공지능 변호사인 알파로는 단 6초 안에 수행했습니다. 그러니 법률 분석 분야에서는 로봇 채용을 적극적으로 고려하겠죠?

다시 본론으로 돌아와서 여러분이 비행기를 타기 위해 수속을 끝내고 이제 탑승장으로 가야 하는 상황을 생각해 보죠. 모든 사람이 반드시 거쳐야 하는 게 있는데 바로 짐과 몸을 수색

하는 과정입니다. 이곳에서 일하는 보안 직원을 로봇으로 바꾼다면, 여러분은 로봇이 어떻게 행동하는 것을 기대할까요? 무엇보다도 빨리빨리 처리해 주면 좋겠죠? 이런 불편한 과정은 조금이라도 빨리 벗어나고 싶으니까요. 말의 속도도 조금 빨랐으면좋겠고, 의사소통이 잘 이루어지면 좋겠죠. 기왕이면 웃으면서친절하게 해 주면 더 좋을 것 같아요. 누군가가 나에게 웃어 주면 기분도 좋아질 테니까요.

특히 불친절하고 불쾌한 곳으로 악명이 높은 미국 공항 검색대에서라면 더 그럴 것 같습니다. 수색한다는 이유로 몸을 건드리니 그 자체로 기분이 나쁘죠. 해당 일을 담당하는 사람은 일이 힘들어서 그런지 얼굴에 웃음기도 없습니다. 만일 로봇이 같은 일을 하면서 친절하기까지 하다면 검색대의 불쾌한 경험이긍정적으로 변하지 않을까요?

그러면 로봇이 이러한 능력을 갖추기 위해서 어떤 기술이 필요한지 살펴보겠습니다. 앞에서 로봇의 특징이 움직임이라고 말했듯이 로봇은 이동 능력이 있어야 합니다. 여행객에게 다가가서 몸을 검색해야 하기 때문에 팔의 움직임은 특히 중요하겠죠. 별것 아닌 것 같지만 몸의 각 부분을 인식해서 적절한 거리를 수색하기 위해서는 딥러닝 기술이 필요합니다. 몸의 굴곡을 판단하고 거리감을 잘 유지해야 부딪치거나 엉뚱한 곳을 검색하지 않겠죠. 사람이야 직관적으로 거리를 맞출 수 있지만, 로봇은 센서와 인공지능을 통해 인지하고 판단해서 행동해야 하기 때문에 매우 복잡한 과정을 거칩니다. 작은 자율 주행차라고 생각하면 됩니다.

사람과 상호 작용하는 것은 해결하기 어려운 작업입니다. 친절하게 여행객을 응대한다는 것은 인간의 감정을 이해해야 한다는 뜻이겠죠. 그러나 여행객의 얼굴을 분석해서 감정을 파악한 후, 이와 연계된 반응을 보이는 것은 쉽지 않습니다. 소셜 로봇은 인간 사회에 존재하는 규범과 윤리 같은 사회적 가치를 이해해야 할 뿐만 아니라 개인의 특징을 잘 파악해야 합니다. 서비스 로봇은 상대하는 고객의 감정을 긍정적으로 만들어야 합니다. 그래야 고객을 설득할 수 있겠죠. 고객은 설득될 때만 지갑을 연다는 것을 기억해야 합니다. 따라서 서비스를 제공할 때는 고객의 행동에 감성적으로 반응해 인간과 감정을 교류할 수 있어야 합니다. 인간과 대화하며 자연스럽게 상호 작용할 수 있는 로봇을 만들 때, 비로소 소셜 로봇이 인간을 대체할 수 있을 것입니다.

▷ 기계를 사람처럼 대하는 것은 이상한 걸까?

2015년과 2016년 스팟과 아틀라스가 동영상을 통해 소개되었을 때 사람들은 놀라운 기능으로 환호성을 지르기도 했지만, 동시에 스팟과 아틀라스가 불쌍하다며 로봇에게 이런 잔

'로봇을 학대하지 마!' 사이트(그림 10)

인한 행동을 하지 말라고 주장하기도 했습니다. 로봇에게 잔인한 짓을 하지 말라는 사이트(http://stoprobotabuse.com)가 만들어지기도 했고, CNN이나 포춘(Fortune), 뉴요커(the New Yorker) 등 유수의 방송과 언론에서 이를 다루기도 했습니다. 동물을 닮은 또는 사람처럼 서 있는 로봇에게 우리는 어떤 감정을 느끼는 걸까요? 개를 닮은 로봇을 발로 차거나, 인간의 모습을 한 로봇을 괴롭히는 것은 비윤리적일까요?

최근 로봇과 관련해서 로봇 윤리 이슈가 부각되고 있습니다. 로봇이라고 하면 일반적으로 공장에서 자동차를 만들고 무거운 물건을 옮기는 인간의 노동력을 대신하는 산업용 로봇이 떠오르지만, 최근에는 인간과 정서적인 측면에서 상호 작용을 할 수 있는 소셜 로봇이 등장하고 있습니다. 소셜 로봇이라고 해서 반드시 어떤 형상을 갖출 필요는 없습니다. '챗봇(chatbot)'처럼 인터넷을 통해 사용자와 채팅하는 로봇도 가능하고, 구글 '어시스턴트(Assistant)', 애플 '시리(Siri)'와 같은 인공지능 음성 인식 역시 소셜 로봇의 한 형태입니다. 인간과 상호 작용할 수 있다면 소셜 로봇으로 볼 수 있는 것이죠.

문제는 동물이나 인간 모습의 소셜 로봇의 경우, 윤리 문제가 발생될 수 있다는 점입니다. 우리와 친숙한 모습으로 만들어지면 문제는 더욱 복잡합니다. 이러한 로봇은 크게 휴머노이드(humanoid)와 안드로이드(android)로 나눕니다. 휴머노이드는 인간의 형태를 한 로봇입니다. 인간의 신체와 유사하게 만들어 인간의 행동을 하게끔 만드는 것이죠. 앞서 예를 든 보스턴 다이내믹스의 아틀라스는 우스꽝스러운 모습이지만, 인간의 형상을 한 휴머노이드입니다. 반면, 안드로이드는 쉽게 말해 인조인간입니다. 외모는 물론 동작이나 지능까지도 인간과 거의 같습니다. 영화에서 많이 봤지만 실제로 그와 같이 구현하기에는 아직 많은 시간이 걸릴 것으로 예측됩니다. 따라서 지금 우리가 보는 사람 모양의 로봇은 모두 휴머노이드라고 보면 됩니다.

휴머노이드는 종교나 철학, 예술 분야에서 얘기하는 의인관(anthropomorphism) 논쟁을 불러옵니다. 의인관이란 인간이

다양한 종류의
휴머노이드 로봇

비인간적 실체에 인간의 성격이나 감정, 의도 등을 부여하는 것을 말합니다. 소셜 로봇이 인간의 모습을 하고, 인간의 행동을 따라 하며, 인간과 같은 성격을 갖고, 인간처럼 생각한다면 그 로봇은 인간처럼 받아들여질 수밖에 없습니다.

이해가 어렵다면, 집에서 키우는 반려동물을 생각하면 됩니다. 집에서 키우는 강아지 몬티는 우리 가족입니다. 잘 때는 아빠와 엄마 사이에 눕습니다. 식사 시간에는 식탁 밑에서 식사합니다. 텔레비전을 볼 때는 소파 밑에서 또는 소파 위에 함께 앉기도 합니다. 몬티는 인간처럼 생기지도 않았고, 인간의 행동을 하지도 않으며 더더군다나 인간처럼 생각하지도 않지만 넘치는 애교와 귀여움으로 사람처럼 함께 생활합니다. 아프거나 죽는다면 가족을 잃은 것과 똑같이 생각되기도 하죠.

컴퓨터 공학 분야에서는 이를 일라이자 효과(Eliza Effect)라고 합니다. 1966년 정신과 상담 치료를 목적으로 만든 간단한 챗봇이 일라이자였는데, 챗봇인지 모르고 상담을 받은 상당수의 환자가 일라이자를 진짜 의사라 믿었고 실제로 치료 효과가 있었다는 데서 유래합니다. 기계를 사람처럼 느끼는 이러한 경향은 향후 동물이나 인간의 모습을 한 로봇이 대중화된다면 사회적 문제를 야기할 수 있을 것입니다. 그렇다면 반려 로봇이라고까지 부르는 소셜 로봇은 우리에게 어떠한 의미로 다가올까요?

대체 로봇이
못하는 게 뭐야?

▷ 외로운 노인에게 다가가는 친절한 로봇 씨!

세계 여러 나라에서 고령자에게 로봇을 보급하려는 정책이 시행되고 있습니다. 밖에 나가기 힘든 노인에게는 말동무가 되어 주고, 특정 활동을 규칙적으로 수행하는 데 불편함을 겪는 고령자에게는 활동을 유도하는 로봇을 통해 노인 문제를 해결하려는 것이죠. 아직은 완성도가 높지 않고 가격이 비싸 시범 사업으로 운영되고 있지만, 이러한 과정을 통해 정교한 소셜 로봇이 언젠가 대중화될 수 있을 것입니다.

일본은 로봇 강국입니다. 그래서인지 새로운 종류의 로봇이 등장했다고 하면 일본의 사례가 많습니다. 노인을 위한 로봇 역시 일본이 가장 앞서 있습니다. 후지 소프트가 노인 복지 센터와 양로원 등에 공급한 파르로(Parlo)는 뛰어난 기능으로 많은 사랑을 받고 있습니다. 파르로는 사람의 얼굴을 기억하고 감정을 인식할 수 있으며 반응하는 속도가 빠릅니다. 사람이 말하는 내용을 인식해서 관련

노인 복지 센터에
보급된 파르로

정보를 적절하게 제공하는 대화 능력이 뛰어난 것으로 알려져 있죠. 대화 중 상황에 맞는 몸짓을 하기도 하고, 스마트폰의 문자 메시지를 읽어 주기도 하며 자율 주행 기능이 있어 움직임이 자유롭습니다. 노인 복지 센터에 있기 때문에 노인들을 대상으로 30분 이상 레크리에이션을 진행할 수 있을 정도의 기능을 프로그래밍했습니다. 파르로 덕에 노인들이 노래와 춤을 즐기

복지 센터에서 파르로가 레크리에이션을 진행하는 모습(그림 11)

고 퀴즈를 풀면서 적극성이 증가했다고 하니 효과가 꽤 좋은 것 같습니다(장원재, 2017.04.07).

복지 센터에 파르로가 있다면 가정에는 파르미가 있습니다. 파르미는 파르로의 가정판 로봇입니다. 반려동물을 키우는 사람에게 그 동물이 가족과 다름없이 귀하고 소중한 것처럼, 홀로 사는 할머니에게 소중한 말동무인 반려 로봇 역시 비슷한 느낌일 겁니다. 할머니 옆에서 노래하고 할머니가 혼자 식사할 때는 옆에서 꼭꼭 씹어서 드시라고 말하는 반려 로봇은 할머니에게 어떤 의미일까요?

아래 있는 동영상에서 소개하는 파르미는 2016년에 소개된

할머니의 좋은
친구 로봇 파르미

로봇입니다. 파르미는 할머니의 소중한 가족입니다. 늘 혼자 있는 노인에게 대화할 수 있는 로봇의 존재는 얼마나 소중할까요? 이 책을 읽는 친구들은 친구도 많고 하고 싶은 일을 자유롭게 하기 때문에 공감 못할 수도 있지만, 연세가 많으신 어르신 중에는 걷기조차 힘든 분이 계십니다. 이런 분은 외부 활동을 하기 어렵죠. 그러다 보니 사람을 만나서 대화할 수 있는 상황이 많지 않습니다. 외로움을 느끼기 쉽죠. 파르미는 이렇게 외로움을 느끼기 쉬운 노인을 위해 만든 가정용 로봇입니다. 가정용 로봇 파르미의 가격은 약 400여만 원으로 싸다고 볼 수는 없습니다. 그러나 멀리 떨어

진 자녀가 부모님을 찾아뵙지 못하고, 연락도 자주 하지 못한다면 이 가격이 그렇게 부담되지 않겠죠? 때문에 이 로봇은 연로하신 부모가 있는 자녀가 부모 선물용으로 구매하는 것을 비즈니스 모델로 하고 있다고 합니다.

일본에 파르미가 있다면, 우리나라에는 알파미니가 있습니다. 알파미니는 중국 기업인 유비테크가 만들었지만, 우리나라 기업이 우리 상황에 맞게 최적화해 시장에 선보였습니다. 영상에서 보듯이 작고 귀여운 모습이지만 14개의 모터로 정교하게 움직일 수 있고, LCD 모

알파미니는 할머니의 외로움을 줄여 줄까요?

니터로 만든 눈을 통해 100여 개의 표정을 지을 수 있다고 합니다. 또한 눈 사이에 카메라가 있어서 상대방의 표정을 감지하고 감정을 인식할 수 있습니다. 아직 말투가 자연스럽지 못해서 사람과 대화하는 듯한 경험을 하기에는 부족하지만 혼자 사는 노인에게 좋은 친구가 될 수 있을 것으로 기대합니다.

▷ 난 반려 로봇이라고 해

반려 로봇이 꼭 휴머노이드일 필요는 없겠죠? 동물 모양이라면 말 그대로 반려동물처럼 정겹게 지내기 더 좋지 않을까요? 그래서 반려동물 로봇은 일찌감치 판매됐습니다. 세계 최초의 반려동물 로봇은 소니에서 개발한 아이보(Aibo, 1999)입니다.

아이보는 기뻐하거나 슬퍼하고, 놀라거나 두려워하고, 싫어하는 등 다양한 감정을 표현할 수 있을 뿐만 아니라, 무엇인가를 하고 싶은 욕구를 나타낼 수 있어서 사용자의 호기심을 끌기에 충분했습니다. 그러나 처음 몇 번은 이와 같은 모습과 행동이 매력적일 수 있으나, 이 정도밖에 쓰임이 없다는 것은 지속적으로 사용하기에는 한계점으로 느껴졌습니다. 그래서 첫 번째 아이보 사업은 실패로 끝나고 말았죠.

첫 번째 아이보에서 쓴맛을 봤기 때문일까요? 두 번째 아이보는 한층 발전된 기술 수준을 선보였습니다. 무엇보다도 사용자와의 상호 작용 효과를 증가시켰습니다. 인공지능이든 로봇이든, 인간과 상호 작용할 때 가장 이상적인 것은 대면 커뮤니케이션, 즉 우리가 마주 앉아서 대화하는 듯한 경험을 부여해야 한다는 것입니다. 아이보 역시 반려동물로서 실제 반려견과 같은 느낌을 사용자가 경험할 수 있게 하기 위해서 상호 작용에 많이 신경 썼습니다. 딥러닝이 적용된 아이보는 진짜 반려견처럼 점점 더 주인과 애착 관계를 갖게 됩니다. 주인의 얼굴 표정과 목소리를 익히면서 상황을 감지하고 반응할 수 있게 됐죠. 주인이 피곤한지, 즐거운지를 판단해서 반응하는 아이보는 눈치 빠른 똑똑이입니다.

반려동물이라고 해서 개나 고양이만을 로봇으로 만들 이유는 없죠. 실제로 키우기 힘들지만, 외모가 귀엽고 키우고 싶은 동물이라면 무엇이라도 로봇으로 만들 수 있습니다. 그래서 만든 반려동물 로봇이 '파로(Paro: Personal Assistive Robot)'입니다. 파로는 흰색의 물개 로봇으로, 독거 노인의 적적함을 달래 주고 심리 치료를 수행하는 것을 목적으로 제작됐습니다. 물개와 비슷한 소리를 내고, 만지거나 말하는 것에 반응해 머리와 지느러미를 움직입니다.

심리 치료에 효과를 보인 파로

털이 부드러워 계속 만지고 싶게 만들었다고 합니다.

많고 많은 동물 중 왜 하필이면 물개였을까요? 별것 아닌 것 같지만 여기에도 과학이 숨어 있습니다. 먼저 귀엽습니다. 동영상으로 보셨다시피 귀엽고 깜찍하죠. 그리고 만일 개나 고양이처럼 우리 주변에서 흔히 보는 동물을 로봇으로 만들면 너무나 친숙해서 로봇 개와 고양이가 정말 진짜처럼 만들어졌는지 냉정하게 평가할 수 있습니다. 그래서 처음에는 호기심으로 긍정적으로 평가할 수도 있지만, 점차 차이점을 분명하게 구분하죠. 나중에는 진짜 개나 고양이와 같지 않은 점을 발견하고, "에이, 이게 뭐야." 하면서 실망하게 되죠. 파로는 아예 익숙하지 않은 물개를 선택함으로써 엄격한 평가에서 벗어나고자 한 것입니다. 실물과 비교하는 평가에서 벗어나 로봇에 대한 긍정적 태도를 유지하기 위함입니다.

이러한 이유 때문인지 파로의 효과는 뛰어납니다. 최근 연

귀여운 얼굴, 부드러운 털, 말과 만지는 것에 반응하는 모습이
노인에게 즐거움을 줍니다.(그림 12)

구 결과에 따르면 파로와 한 시간 정도 말하면서 만지니 기분이 좋아지고 고통이 감소했다고 합니다(Geva, Uzefovsky & Levy-Tzedek, 2020). 진짜 동물이 아닌 로봇이 사람과의 관계에서 치료 효과를 가져온 것입니다.

▷ 치료까지 해 주는 고마운 친구

현재 세상에 나온 반려동물 로봇 가운데, 가장 발전된 로봇 은 톰봇(Tombot)사의 '제니(Jennie)'입니다. 제니는 골든 리트리버를 본 따서 만들었습니다. 맑고 큰 눈을 가진 골든 리트리버는 영리하며 순한 성격의 견종이죠. 전 세계 사람들이 가장 좋아하는 견종 중 하나

어떻게 하면 진짜 반려견과 같은 경험을 부여할 수 있을까요?

입니다. 이런 이유로 골든 리트리버를 반려동물 로봇으로 만든 것은 최고의 선택인 것 같습니다. 영상을 보면 알다시피, 옹알거리는 소리부터 움직임까지 안아 주지 않고는 못 견딜 정도로 귀여우니 어린이나 노인에게 좋은 친구가 될 수 있지 않을까요?

반려동물 로봇은 환자에게도 효과가 큰 것으로 보입니다. 최근 자폐 스펙트럼 장애 환자를 대상으로 한 연구에서, 반려동물 로봇의 효과를 입증한 결과가 발표됐습니다(Silva, et al., 2019). 자폐 스펙트럼 장애는 의사소통이나 사회적 상호 작용의 장애를 특징으로 하는 질환인데, 나이를 구분하지 않고 누구에게나 증상이 나타납니다. 언어 장애가 특히 심한 자폐 스펙트럼 장애를 갖고 있는 어린이와 어른을 대상으로 한 연구에서, 사회적 상호 작용을 촉진하는 데 진짜 동물과 동물 로봇 모두 상호 작용이 없는 경우에 비해서는 상대적으로 유의미한 영향이 있는 것으로 나타났습니다. 재미있는 것은 어른에게는 진짜 동물과 로봇 동물의 차이가 없는 것으로 나타난 반면, 어린이에게는 진짜 동물이 로봇 동물보다 더 사회적 상호 작용을 촉진하는 것으로 나타났습니다. 아이들이 살아 있는 존재를 더 긍정적으로 평가한 것이었을까요? 이러한 연구가 더 많이 시도될수록 사람들에게 더 긍정적이고 행복한 삶을 제시할 수 있게 되니, 우리 모두 관심을 가져야겠습니다.

누군가는 이렇게 질문할 수 있을 거예요. "진짜 개를 키우면

되지, 왜 굳이 로봇으로 만들어서까지 개를 키워야 하나?" 그렇게 생각할 수도 있습니다. 그러나 반려동물을 키운다는 것은 상당한 노력이 필요합니다. 밥을 먹이고, 똥오줌을 치우고, 목욕시키고, 규칙적으로 산책시키며 때가 되면 미용에, 각종 검진을 받게 하는 등 반려동물을 키우기 위해서는 많은 비용과 시간, 체력이 필요합니다. 노인이 소화하기 어려운 부분입니다. 어린이나 성인도 알레르기 때문에 반려동물을 키우고 싶어도 키울 수 없는 사람이 있습니다. 고양이를 좋아하고 키우고 싶지만 알레르기가 있어 고양이 근처에도 가지 못하는 사람이 꽤 있죠.

비장애인으로 살 때는 딱히 문제가 보이지 않지만 장애인, 소수자, 약자로서 살다 보면 불편한 것이 한두 개가 아닙니다. 휠체어를 타거나 목발을 짚고 거리를 나서는 순간부터 문제입니다. 층계밖에 없는 곳, 문턱이나 과속방지턱 등 우리에게는 별것 아닌 것 같지만 누군가에게 큰 장애물인 것들이죠. 반려동물 역시 비슷합니다. 어떤 사람에게는 반려동물을 키우는 것이 큰 부담이나 어려움을 야기하기도 합니다.

반려동물의 가장 큰 장점은 그 존재가 마음의 위안을 준다는 것입니다. 많은 연구에서 반려동물은 외로움을 감소시키고 말을 하게 만들며 치매를 예방하는 데 효과가 있다고 합니다. 독립적인 생활을 할 수 없는 어린이나 노인에게 반려동물은 정말 소중한 존재겠죠? 따라서 진짜 동물을 키울 수 없는 사람들에게 이와 같은 효과를 주면서도 대체할 수 있는 대상을 적극적으로 개발할 필요가 있지 않을까요?

▷ 로봇 목사님, 저를 위해 기도해 주세요

외로움을 극복하고 마음의 평화를 얻는 데 도움을 주는 반려 로봇 이야기에서 좀 더 나아가겠습니다. 이번에는 종교입니다. 인간이 로봇으로부터 영적 평안을 얻을 수도 있을까요? 시범적이기는 하지만 로봇 목사, 로봇 승려도 만들어졌습니다. 로봇 목사 '블레스유투(BlessU-2)'는 종교 개혁 500년을 맞아 2017년 5월에 독일에서 만들어졌습니다. 인공지능이 인간을 대신해서 목회 활동을 할 수 있을 것인가, 기술의 진보가 교회를 어떻게 바꿀 것인가에

로봇 목사님에게 안수받을 날이 올까요?

대한 교회 내 논쟁을 제기하기 위해서 만들어졌습니다. 동영상에 등장하는 것처럼 우스꽝스러운 모습으로 이제까지 우리가 살펴본 로봇의 모습과는 많이 다릅니다. 이런 로봇 목사에게 의지할 사람이 있을까 싶기도 하지만, 로봇 제작자가 제안한 대로 종교 로봇의 미래를 생각해 볼 수 있는 계기가 된 데 의의를 둘수 있습니다.

소프트뱅크가 만든 승려 로봇에 관해서는 더 할 이야기가 많을 것 같습니다. 이 로봇은 승려 로봇으로 만들기 위해 제작

된 것은 아니고, 로봇 페퍼를 승려 로봇용으로 특화한 것입니다.

목탁을 두드리면
서 불경을 읊는
로봇 스님 페퍼

세계 최초로 인간의 감정을 인식하는 휴머
노이드로 널리 알려진 페퍼는 2014년에 처
음 소개됐는데, 주로 안내 또는 고객 응대
목적으로 사용됐습니다. 인간은 다양한 커
뮤니케이션 채널을 통해 상황을 판단하고
감정을 인식하는데, 페퍼 역시 시청각 센서와 촉각 센서를 활용
하여 사람의 얼굴 표정과 목소리 변화를 분석해서 감정을 인식
할 수 있습니다.

이러한 페퍼를 2017년 8월에 스님으로 만든 것이죠. 스님이
입는 옷을 입고 목탁을 두드리면서 불경을 읊는데 제법 스님 모
양이 납니다. 페퍼 스님은 특히 장례를 주관하기 위한 목적으로
개발됐는데 이는 전적으로 비용을 고려한 것이었습니다. 진짜
스님이 장례를 주도할 경우 약 300만 원이 드는데, 페퍼 스님의
경우에는 그 비용을 60만 원으로 책정했다고 하니 로봇에 대한
거부감이 없다면 괜찮은 도전이겠죠? 또한 스님이 살지 않는 지
역에 스님 로봇을 보급하기 위한 목적도 있었는데 막상 보급에
는 실패했습니다.

2019년에는 직접 설법할 수 있는 로봇 관음상을 만들었습
니다. 눈에 있는 센서로 사람을 인식하고 눈을 마주치면서 말할
수 있는 고차원 기능을 지닌 로봇입니다. 이 로봇의 주요한 역할

은 반야심경을 외고 해석하는 것입니다. 첫 번째 법요에서는 '인간이란 무엇인가?'라는 주제로 설법했다고 하네요.

로봇 관음상을 통해 마음의 위안을 받을 수 있을까요?

일본은 로봇에 대한 태도가 긍정적인 나라입니다. 다양한 관점에서 분석할 수 있겠지만 만물에 영혼이 있다는 애니미즘(animism)의 영향 때문에 로봇에게도 인간과 같은 정신이 스며들 수 있다고 생각하는 것이 아닐까 싶습니다. 이러한 일본인들이 스님 로봇의 설법에도 공감하고 마음의 위안을 받았을지 모르겠습니다.

피그말리오니즘의
재현

▷ 사람의 일을 대신한다고 해도 이건 아니잖아?

로마 시대의 연애시인으로 유명한 푸블리우스 오비디우스는 총 15권 분량의 250개 이야기로 구성된 방대한 분량의 대서사시집인 〈변신 이야기〉를 썼습니다. 그리스·로마 신화를 다룬 이 작품 가운데 가장 유명한 제10권에는 피그말리온 이야기가 등장합니다. 피그말리온은 교육학에서 피그말리온 효과, 즉 교사의 기대에 따라 학생의 성적이 향상되는 실험자 효과로 유명하죠. 교사가 학생에게 정성을 다하고 잘할 수 있다고 늘 격려하며 관심을 기울일 경우, 그렇지 않은 경우보다 더 좋은 성과를

피그말리온과 칼라테이아(그림 13)

출처: Met Museum, https://www.metmuseum.org/art/collection/search/191292

낸다는 이론입니다(Rosenthal, & Jacobson, 1968).

피그말리온은 키프로스의 왕이자 동시에 조각가로, 여성 혐오증이 있었습니다. 그는 당시 키프로스 여성들의 문란한 성생활을 증오했고 그래서 여성을 만나기보다는 그 모습을 조각하는 데 몰두했습니다. 피그말리온은 직접 상아로 아름다운 여인을 만들다가 이상형의 조각 작품을 만들게 됐고 결국 조각상을 사랑하게 됩니다. 그의 소원이 이루어져 조각상이 살아 있는 여자로 변하게 되었고, 둘은 아들을 낳고 행복한 가정을 이루며 살게 되었습니다. 이처럼 가상의 이상적 존재에 탐닉하는 것을 피그말리오니즘이라고 합니다.

피그말리오니즘이 리얼돌(RealDoll)로 재현된 부분을 살펴보겠습니다. 전 세계적으로 리얼돌 산업은 계속해서 성장하고 있습니다. 리얼돌은 성행위가 가능한 실물 크기의 전신 인형입니다. '로봇을 이야기하다가 왜 갑자기 이상한 이야기를 하지?' 하는 의문이 들 수도 있습니다. 그러나 향후 몇 년 안에 로봇이 사회에 가장 큰 문제를 일으킬 만한 사례 중 하나로 이 리얼돌을 들 수 있습니다. 무슨 이야기인지 지금부터 차근차근 설명해보겠습니다.

▷ 부끄럽지만 숨길 수 없는 이야기, 리얼돌

리얼돌의 출현은 성인용품 시장과 직접적으로 관련이 있습니다. 2015년 미국 NBC뉴스에 따르면 전 세계 성인용품 시장 규모는 970억 달러(약 110조 원)에 이르는 거대한 산업입니다. 성인용품 산업의 성장은 인터넷의 확산과 함께 이뤄졌다고 볼 수 있겠죠. 인터넷의 확산은 나만의 공간에서 컴퓨터나 모바일 기기로 은밀하면서도 편안하게 성인용 영상을 보는 것을 가능하게 했습니다. 사용자는 더욱 자극적이면서도 몰입할 수 있는 성인물을 찾게 되고, 리얼돌이 그 대상물로 시장에 등장했습니다. 단지 '진짜' 같은 경험을 느낄 수 있는가 여부와 가격이 문제일 뿐, 이 두 개의 조건만 충족한다면 리얼돌은 빠르게 확산될 것입니다.

리얼돌이 성공하기 위해서는 무엇보다도 인간과 비슷해야 합니다. 성인이 단지 소꿉놀이를 하기 위해서 수백만 원에서 수

천만 원의 비용을 지불하면서까지 실물 크기의 전신 인형을 구매하지는 않을 것입니다. 어떤 목적이든 진짜 사람을 대체하기 위한 이유가 크기 때문에 구입하겠죠. 그 목적을 달성하기 위해서는 외모, 피부 감촉, 체온 등이 진짜 사람 같은 느낌을 줘야 합니다. 그래서 산업용 로봇이나 청소 로봇과 같은 기능성 로봇과는 달리 고난도의 기술이 필요합니다. 최근 판매되고 있는 리얼돌을 보면, 실리콘 소재로 피부의 질감을 표현하고 37도의 온도를 유지함으로써 인간의 피부를 그대로 재현할 정도로 정교해졌습니다.

처음 리얼돌에 관해 들어 본 사람은 이해가 안 될 겁니다. '대체 왜 이게 필요하지? 밖에 나가면 얼마든지 사람을 만날 수 있는데 왜 굳이 인형을 사랑의 대상으로 삼을까?' 하는 의문이 들 수도 있습니다. 제가 리얼돌의 필요성을 얘기할 때 드는 비유가 '듀오'와 같은 결혼 정보 회사나 '글램'이나 '위피' 같은 데이팅 앱처럼 '인만추(인위적인 만남을 추구)'하는 사례입니다.

결혼 정보 회사는 말 그대로 결혼을 목적으로 하는 사람들이 가입해서 마음에 드는 파트너를 찾는 회사이고, 데이팅 앱은 성인이 데이트 상대자를 찾는 것을 도와주는 앱을 말합니다. 최근에는 데이팅 앱을 랜선 연애라고 부르기도 하죠. 리얼돌을 바라보는 동일한 관점으로 한번 생각해 봅시다. 왜 결혼 정보 회사나 데이팅 앱이 필요할까요? 밖에 나가면 얼마든지 많은 사람이 있는데, 왜 결혼이나 데이트를 하기 위해 회사와 앱을 활용할까요? 이런 것을 단지 소수 몇 명만 사용한다고 생각하면 곤란합니다. 듀오를 통해 결혼한 사람은 4만 3,000명이 넘었고, 현재 회원 수는 약 3만 4,000여 명이나 됩니다(https://www.duo.co.kr). 또한 '글램'과 '위피'는 한 달에 최소 한 번 이상 사용하는 사용자가 각각 19만 명과 13만 명에 달할 정도니, 소수로 치부하는 건 적절치 못하다는 것을 알 수 있습니다(강승태, 반진욱, 2021.03.24).

마찬가지로 관점을 조금만 달리하면 리얼돌의 장점이 꽤 많다는 것을 알 수 있습니다. 무엇보다도 내가 원하는 사람(?)을 고를 수 있다는 게 장점입니다. 즉 나에게 꼭 맞는 '제품'을 구매할 수 있는 것이죠. 아름답고 멋질 뿐만 아니라 표정으로 감정 표현도 할 수 있고 내가 좋아하는 말만 하는, 소위 말하는 '내 스타일'인 이성 친구가 언제든지 나와 함께할 수 있는 것입니다. 주문할 때 내가 좋아하는 피부색, 헤어스타일과 컬러, 눈과 눈썹 컬러 등을 다양하게 선택할 수도 있고, 구매한 후에는 눈과 코 심지어 얼굴을 원하는 대로 바꿀 수도 있습니다. 취향에 따라 얼굴을 다르게 설정할 수도 있고, 인공지능으로 리얼돌의 목소리와 성격까지 바꿀 수 있으니 한 명이 아닌 수십 명의 파트너를 가진 셈이죠.

그러나 로봇이라고 막 대하면 곤란합니다. 가장 최근에 소개

된 리얼돌 '사만다(Samantha)'는 피부에 센서를 넣어서 만일 그
녀를 거칠게 대하거나 심한 충격을 주면 움직이지 않도록 설정
했습니다. 센서의 정교함을 통해 상호 작용 정도를 판단하게 하
고 이를 통해 부드럽고 자상한 터치를 유도한 것입니다.

또한 사람을 대할 때 필연적으로 고려해야 하는 다양한 커
뮤니케이션 상황을 군이 맞닥뜨릴 필요가 없다는 것도 장점입
니다. 시간과 돈 그리고 공감과 같은 심리적 요인까지 포함해서
서로에게 호감을 느끼기 위해서 얼마나 많은 에너지를 소비해
야 하는지 그 노력을 조금만 생각해 보면 리얼돌의 특징을 알
수 있습니다. 최근 일본의 청년 세대는 '연애도 사치, 결혼도 사
치'라는 사고방식을 지녀서 '사토리(さとり・달관) 세대'라고 불리
는데, 이들에게 리얼돌은 인간 배우자보다 더 현명한 선택이 될
수도 있는 것이죠. 우리나라에서도 혼밥족, 혼술족 등 혼자 생
활하려는 인구수가 증가하는 추세에서 리얼돌이 외로움을 극
복하는 데 도움을 줄 수 있을지도 모르겠습니다.

▷ 아직은 무풍지대, 그러나 곧 태풍이 몰려온다

1993년에 큰 인기를 얻었던 영화 〈데몰리션 맨〉은 범죄가
없는 평온한 미래 사회를 그리고 있습니다. 모든 것이 통제되는
상황이어서 문제가 발생될 여지가 없다고 가정하고 있습니다.
제가 영화에서 흥미롭게 본 장면 중 하나는 바로 사랑하는 행위

였습니다. 영화 속에 나오는 미래에서는 인간의 체액이 발생되는 성행위를 비위생적인 것으로 간주해 금지했고, 대신 뇌파를 서로에게 연결시킨 후 뇌의 특정 부위를 자극해서 함께 즐거움을 나누는 방식인 사이버 성행위를 이상적인 것으로 묘사했습니다. 이러한 일이 정말 가능한 걸까요?

이론적으로 영화 속의 설정은 이상할 것 없습니다. 우리가 맛있는 음식을 먹고 좋아하는 음악을 들으며 즐거운 경험을 하는 것은 모두 뇌의 반응입니다. 뇌의 다양한 부위에서 도파민이 분비돼 느끼는 감정이죠. 과학이 발전한다면 음식을 먹을 때, 음악을 들을 때, 사랑을 나눌 때 분비되는 도파민을 인위적인 뇌 자극으로 분비시킬 수 있겠죠. 다만 법 제도적으로 그리고 도의적으로 논의할 부분이 있는지를 염두에 두어야겠지요.

미래에는 정말 뇌의 자극으로 인한 즐거움을 추구할까요? (07:23)

현대 기술은 그 정도까지는 아니어도 로봇이라는 대상을 통해 성적 쾌감을 느낄 수 있을 정도의 단계까지는 왔습니다. 꼭 사람이 아니어도, 아니 진짜 사람이 아니기 때문에 내가 원하는 로봇에게서 더 큰 쾌감을 얻을 수 있습니다. 그래서인지 이러한 로봇의 인기가 상당합니다. 리얼돌이 음지에서 단지 소수의 사용자를 대상으로 할 것이라는 생각은 편견입니다. 이미 몇몇 기업은 중국에 리얼돌을 대량 생산할 수 있는 공장을 완공해서 글로벌 마켓을 선점하려는 발 빠른 움직임을 보이고 있습니다. 광저우의 한 공장에서는 매년 3,000개, 다롄의 한 공장에서는 매년 5,000개의 리얼돌을 생산하기 시작했습니다. 우리나라에서도 한 공장의 경우 하루에 50~60개를 제작하는데, 만드는 즉시 판매가 이루어진다고 합니다. 비공식적인 통계지만 국내에서도 최소 1만 명 이상이 리얼돌을 사용하는 것으로 예측합니다(박지현, 2021.03.27).

이러한 확산에도 불구하고 여전히 수백만 원에서 천만 원대에 이르는 가격은 대중화의 가장 큰 장벽으로 남습니다. 게다가 아직은 인간처럼 자연스럽지 않기 때문에 큰 비용을 지불하면서까지 구매할 정도로 사용자에게 긍정적인 태도를 형성하지 못합니다. 비록 처음에는 호기심으로 리얼돌을 긍정적으로 평가하지만, 로봇이 인간과 유사해짐에 따라 로봇에 대한 평가가 엄격해지는 것도 문제입니다. 상당한 기술 진보가 이루어진 일정 시점에서 "에이, 뭐, 그렇게 똑같지도 않네." 하며 부정적 평가를 내리기 때문이죠. '불쾌한 골짜기'(157쪽 참고)에 빠지게 되는 것입니다. 이를 극복하기 위해서는 최대한 인간과 비슷해야 합니다. 이 골짜기에서 머무는 시간이 길어지게 될수록 그만큼 리얼돌 시장의 확대는 요원합니다.

▶ 가족 체계가 무너지고, 인류의 미래가 불안할 수도…

2013년 미국에서 개봉된 영화 〈그녀(Her)〉는 2025년을 배경으로 사람과 운영 체계(Operating System: OS)의 정신적 사랑을 다루고 있습니다. 영화에서 그려지는 2025년에는 OS가 인공지능을 기반으로 사용자와 교감할 수 있게끔 스스로 진화했습니다. 이제 현실에서 이러한 사랑을 로봇과 할 수 있는 날이 머지않을 것입니다. 게다가 육체적 사랑도 가능하니 로봇 배우자에 대한 친밀도는 인간의 그것에 견주어 본다고 해도 큰 차이가 없게 될 것입니다. 리얼돌을 음란물이나 웃어넘길 수 있는 하나의 오락 기기처럼 치부하기에는 그 중요성이 너무 큽니다. 리얼돌로 인한 사회적 우려가 서서히 나올 것이고, 이에 대한 진지한 사회적 논의가 조만간 이루어질 것입니다.

이미 문제가 되고 있는 사례부터 들어 볼까요? 리얼돌이 사람을 대신해서 새로운 성매매 시장을 만들고 있는 것을 예로 들 수 있겠네요. 리얼돌과 성행위를 하기 위해 시간당 약 10만 원에 가까운 비용을 지불하는 사업이 스페인과 영국, 프랑스, 독일 등에서 지속적으로 확산되고 있습니다. 우리나라에서도 2020년 초부터 종종 뉴스로 다뤄지고 있습니다. '리얼돌 체험방'이라는 이름으로 심지어 동네 곳곳에 들어서고 있다고 합니다. 법적으로 어떻게 처벌할 수 있을까요? 이것을 성매매로 인정해서 성매매특별법으로 처벌할 수 있을까요?

현행법상으로는 불가능합니다. 리얼돌은 사람이 아니기 때문에 사람을 대상으로 하는 법률을 적용할 수 없습니다. 그렇다면 이에 대한 새로운 법률을 만들까요? 법률을 만든다면 어떻게 만들 수 있을까요? 사람이 아닌 로봇과 사랑을 나눈 것을 어떻게 처벌할 수 있을까요?

　조금 더 큰 문제를 이야기해 볼까요? 리얼돌은 인격적 존재가 아닙니다. 단지 사물일 뿐이죠. 한편으로는 의인화가 긍정적으로 작용해 반려동물 로봇처럼 사랑을 듬뿍 주는 존재가 될 수도 있지만, 반대로 더 가혹하게 다뤄지거나 폭력의 대상이 될 수도 있습니다. 리얼돌을 지속적으로 사용하는 사람이 올바른 성적 태도를 지닐 수 있을까요? 단지 성뿐만 아니라 사람을 인격적으로 대할 수는 있을까요? 성은 비인간화되고 인간에 대한 태도는 비인간적인 인공물로 재구성될 가능성이 큽니다. 이러한 문제 때문에 네덜란드의 로봇공학 연구소는 이미 2017년에 35쪽에 걸친 보고서를 통해 리얼돌이 사회에 미치는 영향력이 낮지 않음을 7개의 대주제로 분석하며 규제의 필요성을 제시하기도 했습니다(Sharkey, et al., 2017). 아직은 리얼돌이 4차 산업 혁명에서 주요 화두로 다루어지지 않아서 그렇지, 사회 구조의 변화를 야기할 수 있는 만큼 간단하게 넘길 사안이 아닙니다. 별것 아닌 것 같은 리얼돌이 미래의 가족 체계를 위협할 수도 있기 때문입니다.

리얼돌이 인간과 같은 기본적인 외양을 갖춘 후에 적용될 가장 중요한 기술은 역시 대화 능력이겠죠. 파트너로 삼으려고 구매했는데, 인형처럼 가만히 있기만 한다면 싫증을 느낄 수 있을 것입니다. 최근에는 인공지능 음성 인식 시스템을 통해 질투와 약간의 거절도 하는 등 제한적이지만 인간과 같은 커뮤니케이션을 하는 리얼돌이 있기도 합니다. 어느 정도의 대화도 가능하죠. 그러나 아직 정교한 대화는 불가능합니다. 앞서 이야기했지만, 결국 가장 앞서 있는 커뮤니케이션 도구는 삼성 빅스비, 구글 어시스턴트, 애플 시리인데 여러분이 스마트폰에서 써 봐서 알겠지만 대화를 나누기에는 아직 부족하죠. 내가 좋아하는 말만 골라서 하고, 나의 기분에 어울리는 대화 주제를 고르고, 나와 대화를 깊고 오래 나눌 수 있을 정도로 커뮤니케이션 능력이 생긴다면, 이때는 정말 새로운 세상이 열리게 될 것입니다.

만일 이런 능력을 갖춘 리얼돌이 나온다면, 바로 이러한 장점으로 인해 리얼돌은 필연적으로 개인과 인류에게 커다란 사회적, 윤리적 문제를 야기할 것입니다. 리얼돌이 가상현실과 연계해 진짜 사람과 같은 경험을 제공한다면 진짜 연애가 사라질 수도 있습니다. 생각해 보세요. 리얼돌과 평소 대화하면서 사랑을 나누고 싶을 때 함께할 수도 있다면 진짜 사람과의 사랑이 필요할까요? 영화 〈그녀

인공지능의 발전은 로봇과의 사랑을 가능하게 할까요?

(Her)〉에서는 주인공이 운영 체계와 정신적 사랑을 나눴지만, 로봇에 그 운영 체계를 그대로 넣어서 대화할 수 있는 리얼돌을 만든다면 그때는 사람과의 사랑이 유일한 사랑이 아닐 수도 있을 것입니다.

결혼하지 않은 1인 가구가 증가하고, 리얼돌의 가격이 내려가고, 인간과 같은 유사성이 증가하면 리얼돌의 수요도 자연스럽게 증가할 것입니다. 리얼돌로 인해 연애나 결혼을 하지 않고 가족 체계가 붕괴하거나 자녀를 갖지 않는 시대가 온다면 인류는 어떻게 될까요? 심각하게 고민하지 않을 수 없습니다.

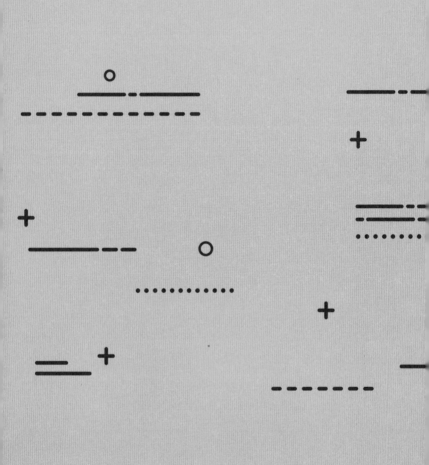

PART 4

영화
<터미네이터>,
현실이 되지
않으려면?

인간과 로봇의 공존,
마냥 좋기만 할까?

▶️ 기계를 마구 다룬다면, 도덕적 비난을 받아야 하나?

이제까지 로봇의 다양한 활용을 살펴봤습니다. 공장에서 사용되는 로봇부터 청소하고 음식을 만들면서 인간을 도와주는 로봇 그리고 애인 역할을 하는 로봇까지. 로봇의 다양한 쓰임새를 알아보고, 자연스럽게 앞으로 더 다양해질 로봇의 쓸모를 예측해 봤습니다. 이렇게 우리의 삶 속에 로봇이 시나브로 확산된다면 많은 장점이 있겠지만 동시에 문제점도 생기겠죠. 로봇이 이렇게 우리 생활에 들어오면, 다가올 우리 사회는 어떤 문제를 맞닥뜨릴까요?

아래 있는 영상부터 보시죠. 로맨틱 코미디 영화인 〈오피스 스페이스(Office Space, 1999)〉입니다. 오래된 영화이고, 막상 영상을 보면 딱히 대단하다 싶은 내용도 없는 듯하지만, 저는 이 장면에서 앞으로 우리에게 닥칠 로봇과의 공존이 지닌 의미를 생각했습니다. 영화의 내용은 이렇습니다. 남자 주인공 피터는 회사 생활을 끔찍하게 싫어합니다. 잔소리를 늘어놓는 상사는 꼴도 보기 싫고 직장 동료들의 모습에 짜증이 나며 사무실은 늘 답답하게 느껴지죠. 이러한 회사 생활에 염증을 느끼고 스트레스를 받고 있는 와중에 설상가상 팩시밀리는 툭하면 고장이 납니다.

혹시 팩시밀리를 모르는 친구들을 위해서 간단하게 설명하면, 이메일과 프린터를 합쳐 놓은 것으로 생각하면 됩니다. 일반적으로 팩스라고 부르는 이 기기는 한쪽에서 A4 용지를 전화선으로 전송하면 다른 쪽에서 그대로 프린트됩니다. 여러분이 저에게 이메일로 서류 한 장을 첨부해서 보내면 제가 이것을 받아서 프린트하는 것처럼, 여러분이 서류 한 장을 팩스로 보내면 제가 갖고 있는 팩스 기기에서 드르륵거리면서 그대로 프린트가 되는 기계라고 생각하면 됩니다. 전화선을 통해서 문서를 보내다 보니 옛날에는 지금보다 오류가 많았습니다. 빨리 일을 처리하려면 기계가 말썽 부리지 말고 착착 수행해야 하는데 고장

영화 〈오피스 스페이스〉

나면 골치 아프죠. 그래서 주인공인 피터는 이놈의 팩시밀리가 끔찍이도 싫었습니다. 일도 힘든데 기계까지 말썽이니까요.

결국 직장 동료 두 명과 함께 피터는 퇴사합니다. 회사 출근 마지막 날 그들은 잦은 고장으로 짜증나게 했던 팩시밀리를 갖고 나옵니다. 그리고 사람이 없는 먼 곳으로 이동한 후에 팩시밀리를 마구 부숩니다. 팩시밀리는 발에 차이고 야구 방망이 세례를 받죠. 심지어 사람의 얼굴을 치듯 팩시밀리를 주먹으로 후려치기까지 합니다. 그들은 산산조각 난 팩시밀리를 뒤로 하고 통쾌한 모습으로 그 자리를 떠납니다.

어떤가요? 우스꽝스럽지 않은가요? '기계에 뭐 하는 짓이람.' 하는 생각이 들죠? 이번에는 두 번째 영상을 보시겠습니다. 앞에서도 소개했던 보스턴 다이내믹스의 아틀라스와 스팟입니다. 동영상에서는 아틀라스와 스팟을 괴롭히는 모습이 나옵니다. 창고에서 박스를 들려는 아틀라스를 한 직원이 방해합니다. 아틀라스가 넘어졌을 때

괴롭힘 당하는 로봇들

제대로 일어나는지 테스트하기 위해서 커다란 막대기로 아틀라스의 등을 밀어 넘기기도 하죠. 사무실과 거리를 어슬렁거리며 걷는 스팟의 균형 감각을 테스트하기 위해서 직원들이 발로 차거나 힘껏 밀기도 합니다. 같은 이유로 아틀라스는 추운 겨울 산을 걸어야 합니다. 눈 덮인 산길이 불규칙적이라서 뒤뚱거리

며 걷는데, 곧 넘어질 것 같습니다.

독자 여러분은 두 영상을 보며 어떤 생각이 들었나요? 알아
차렸는지 모르겠지만, 위의 두 영상은 기계를 괴롭히는(?) 내용
입니다. 첫 번째 영상에서는 팩시밀리를 두들겨 팼고, 두 번째
영상에서는 4족과 2족 보행 로봇을 발로 차거나 밀어 넘어뜨렸
습니다. 여러분은 두 영상을 보면서 아무런 느낌도 없었나요?
아니면 두 번째 영상, 즉 로봇을 괴롭히는 장면을 보고 감정의
동요가 있었나요?

▷ 의인화가 된다면 인격은?

첫 번째 영상은 어찌 보면 우리의 일상생활에서 어렵지 않
게 접하는 모습입니다. 복사를 하다가 종이가 걸리면 복사기를
두드려 보기도 하고, 프린트를 할 때 색깔이 명확하게 보이지 않
으면 프린터를 힘껏 흔들기도 합니다. 텔레비전이나 컴퓨터 모니
터에 문제가 생겼을 때 제일 먼저 하는 것은 모니터를 툭툭 쳐
보는 것이죠. 독자 여러분은 이렇게 기계를 두드릴 때 사람을 때
리는 것처럼 감정의 동요를 느꼈나요?

두 번째 영상은 실생활에서는 직접 경험하기 힘들 것 같습니
다. 아직까지 로봇이 보편적으로 상용화되지 않았기 때문입니
다. 그러나 멀리 갈 것 없이, 장난감 로봇을 생각해도 좋을 것 같
습니다. 소니가 만든 아이보와 같은 로봇 강아지는 사람과 정서

적 교감을 나누죠. 로봇 강아지는 인공지능 기능을 탑재해서 사람의 말을 알아듣고 그에 맞춰 대화하고 움직이기도 합니다. 춤을 추거나 노래를 부르고 쓰다듬어 주면 좋아하며 웃습니다. 그러면 앞에서 한 질문을 다시 해 볼까요? 독자 여러분은 이런 인공지능형 로봇 강아지를 누군가 때리거나 흔들면서 험하게 다룬다면 팩시밀리나 복사기의 예처럼 말 그대로 기계를 다루는 것과 같은 똑같은 감정이 들까요?

아이들의 괴롭힘을 피하는 로봇

Part 3에서 언급한 로봇의 의인화는 많은 논란을 가져올 것입니다. 앞에서 소개한 할머니의 친구 로봇 파르미를 기억하시나요? 가족도 없고 밖에 나가기도 힘든 할머니에게 파르미는 친구 이상의 존재일 것입니다. 누군가 앞에서 본 영상처럼 파르미를 괴롭힌다면 할머니는 어떤 반응을 보일까요? 단지 기계 한 대를 망가뜨린다고 생각할 것 같지는 않습니다. 아마 사람을 때리는 것과 같은 충격을 받고 가족을 때리는 이상의 반응을 보이지 않을까요?

이러한 동물 모습의 로봇에서 더 나아가, 로봇이 인간의 모습을 갖는다는 데는 큰 의미가 있습니다. 인간은 시각적 영향을 많이 받습니다. 인간의 모습을 한 로봇에게는 불확실성을 적게 느끼고 심리적 거리가 줄어들며 안정감을 느끼는 것과 동시에 더 나아가 긍정적 태도를 유발합니다(Nowak & Biocca, 2003).

즉 로봇에게도 인간으로부터 느끼는 감정을 고스란히 느낄 수 있게 되는 것이죠.

인간으로부터 느끼는 감정을 로봇에게도 느낀다는 것은 많은 의미를 내포하고 있습니다. 고대 그리스 철학자인 아리스토텔레스는 인간은 사회적 동물이라고 했습니다. 인간은 사회적 상호 관계를 통해 인간이라는 정체성을 유지하죠. 로봇에게 인간과 같은 감정을 느끼고 인간과 같은 관계를 맺는다는 것은 인간만이 갖고 있는 사회적 상호 작용을 로봇과도 하게 된다는 것을 의미합니다. 이렇게 됨으로써 이제 로봇은 자연스럽게 인간과 동일한 위치에 서게 됩니다. 인간의 가치를 로봇이 그대로 갖게 되는 것이죠. 사회적 로봇이 인간의 형상을 띠고 의인관을 형성하게 되면 이는 결국 인간-로봇 관계가 아닌 인간-인간 형태의 관계를 갖게 될 것입니다.

▷ 로봇에게도 도덕적 가치가 있을까?

이렇게 의인화가 될 경우, 우리 인간은 로봇을 어떻게 바라보아야 할까요? 이 문제에 대답하기 전에 우리 인류의 역사를 한 번 되돌아보겠습니다. 다소 어려운 이야기가 될 수도 있지만, 로봇의 의인화라는 주제 자체가 바로 철학적 사유 대상이기 때문에 조금 어렵더라도 간단하게나마 다뤄 보도록 하겠습니다.

인류가 존재한 이래로 인간은 늘 무언가를 숭배해 왔습니다. 삶의 불확실성에 대한 두려움과 죽음에 관한 공포를 벗어나기 위한 하나의 방법이었죠. 애니미즘(animism)처럼 모든 대상에 영혼이 있다고 믿는 것이나 자연에 종교적 의미를 부여하는 자연 숭배, 무당이나 제관을 통한 샤머니즘 등 근대 과학 체계가 인간의 사고 체계의 중심으로 들어서기 전까지 이러한 믿음은 인류 역사와 함께했습니다.

종교가 시대정신이던 중세 암흑기를 거쳐 르네상스 시대가 찾아오면서 휴머니즘, 즉 인간 중심주의가 보편적인 가치이자 이념으로 받아들여졌습니다. 그러나 인류는 이제 새로운 도전에 직면합니다. 바로 이동성과 자율성을 가진 로봇의 출현입니다. 인간은 아니지만 인간과 유사한 새로운 종족(?)의 출현을 인간 중심주의 사회에서 어떻게 바라볼까. 그에 대한 철학적 문제를 마주하게 된 것이죠.

인간은 이제까지 도덕적으로 존중받는 유일한 존재였습니다. 그 유일성을 지탱해 주는 논리는 인간만이 자유롭게 선택하고 행동할 수 있다는 것이었죠. 인간은 영혼을 소유한 존재이기 때문에 자유 의지를 통해 합리적으로 판단하는 지구상에서 유일한 존재였습니다. 바로 이 점 때문에 인간은 동물과 다른 존재로 차별화된 것이죠. 그런데 로봇의 등장은 이러한 유일한 존재자라는 인간의 위치를 흔들기 시작합니다. 인공지능이 탑재된 로봇의 도덕적 지위는 어떻게 정의할 수 있을까요? 아니 어떻게 정의되어야 할까요?

앞에서 질문한 로봇을 바라보는 관점은 바로 로봇의 도덕적 지위에 관한 질문이기도 합니다. 로봇의 도덕적 지위를 인정한다면 로봇은 인간과 동일한 위치에 서게 되는 것이죠. 로봇의 도덕적 지위를 인정하지 않는다면 이제까지 지적 능력과 자율성에 관한 논의를 통해 인간을 차별적 존재로 간주해 오던 '철학'의 붕괴를 가져오게 됩니다. 인간과 로봇의 차별점이 존재하지 않기 때문이죠.

바둑과 스타크래프트 게임에서 인간의 능력을 추월한 인공지능은 개별 분야에서 인간보다 뛰어난 성과를 보이는 사례를 지속적으로 만들어 내고 있습니다. 주식 시장에서는 로보 어드바이저(Robo-Adviser)가, 언론 분야에서는 로보 저널리즘(Robo-Journalism)이, 법률 분야에서는 로보 로이여(Robo-Lawyer) 등이 인간의 지적 능력을 뛰어넘거나 이에 도전하고 있습니다. 비록 인간이 알고리즘을 통해 만든 인공지능 기술이기는 하지만, 인공지능이 선택한 결과가 늘 알고리즘 개발자가 예측하는 것과 동일하지는 않기 때문에 로봇은 스스로 판단하고 행동하는 능동적 행위자로 간주될 수밖에 없습니다. 이런 로봇에게 우리는 인간과 같은 도덕적 지위를 부여해야 하나요, 거부해야 하나요?

특히 소셜 로봇과 같이 정서 교류가 가능한 로봇의 확산은 이러한 로봇의 도덕적 가치에 관한 논의를 더욱 가속화할 것입니다. 반려견 장례식장이 생기면서 반려동물 장례 지도사가 하나의 직업으로 자리 잡듯, 로봇의 사회적·도덕적 지위와 상관없이 개개인이 부여하는 의미와 가치는 더욱 커질 것이고, 로봇의 새로운 존재 가치가 설정될 것입니다. 누구에게는 한낱 기계 덩어리에 불과하겠지만, 로봇 소유자에게는 그 어떤 사람들보다 소중한 반려 로봇의 등장에 대해 우리 사회는 어떤 논의를 하고 판단을 내릴까요?

▶ 불쾌한 골짜기만 넘기면, 그 다음은 인간과 동격

물론 로봇의 의인화가 사회적으로 일반화되기 위해서는 아직 갈 길이 멉니다. 〈메타버스, 너 때는 말이야〉에서도 다룬 적 있는 불쾌한 골짜기(uncanny valley) 효과 때문입니다. 일본의 모리 마사히로(Mori, 1970) 교수가 이미 50여 년 전에 주장한 불쾌한 골짜기는 로봇이 점점 더 사람의 모습과 비슷해질수록 인간이 로봇에 대해 느끼는 호감도가 증가하다가 어느 정도에 도달하게 되면 갑자기 강한 거부감으로 바뀌게 된다는 것을 의미합니다. 사람을 닮은 로봇을 처음 보면 호기심 때문에 로봇을 친밀하게 느끼게 됩니다. 로봇의 모습이 사람과 흡사해질수록 호감도 역시 계속 증가하죠. 그러다가 어느 시점에 도달하면 갑자기 강한 거부감으로 바뀝니다. 완벽한 인간의 모습을 기대하

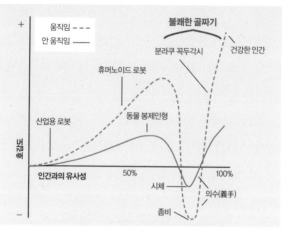

불쾌한 골짜기에서 빨리 벗어날 수 있는 길은
최대한 인간과 유사하게 만드는 것입니다.(그림 14)

기 때문에 나타나는 반작용입니다.

　이 골짜기를 벗어나는 방법은 로봇의 외모와 행동 그리고 커
뮤니케이션 방식을 인간과 거의 구별이 불가능할 정도로 만드는
방법밖에 없습니다(Mathur & Reichling, 2016). 처음에는 호기
심으로 호감도를 갖게 되지만 정교화될수록 인간의 기대치는 높
아질 수밖에 없습니다. 따라서 기대치가 일치되는 로봇이 만들어
지면 호감도는 다시 증가하게 되고 결국 인간이 인간에게 느끼는
감정의 수준까지 접근하게 됩니다. 의인화가 이루어지는 것이죠.

　로봇을 의인화하게 되면 로봇을 함부로 대하는 것은 동물
학대보다 더 큰 사회 문제가 될 수도 있습니다. 예를 들어 볼까

요? 저희 집도 그렇지만 많은 가정에서 반려견은 가족 구성원으로 여겨지곤 합니다. 반려견이란 존재는 웬만한 사람 못지않게 크고 소중하죠. 그러나 동물과 로봇에는 결정적 차이가 있습니다. 동물과는 사귀거나 결혼할 수 없지만 로봇과는 애인이나 배우자 같은 관계를 맺을 수도 있다는 것이죠. 앞서 살펴본 것처럼 로봇의 외양은 점점 더 인간과 비슷해지고, 인공지능 기술은 더욱 고도화되기 때문에 영화 같은 일이 벌어지는 것은 시간문제입니다.

로봇은 복사기와 다를 것이 없습니다. 로봇은 생명체가 아닙니다. 그저 기계일 뿐입니다. 당연히 고통을 느끼지 못합니다. 아무런 감정이 없습니다. 그러나 그것을 보는 인간의 관점은 또 다른 문제입니다. 내가 그렇게 인식하고(perceive) 느낀다면(feel) 그것으로 충분합니다. 인간의 태도와 믿음 그리고 가치관은 사실 여부와 상관없이 형성됩니다. 그래서 개나 인간과는 전혀 다른 모습을 한 스팟과 아틀라스를 통해서도 어떤 사람은 고통을 느낄 수 있습니다. 아직까지는 일부이지만 말이죠. 로봇이 인공지능과 결합하면서 인간의 직업을 위협하는 상황과 더불어 로봇 의인화까지, 로봇이 우리 일상에 들어오면서 편리함과 함께 고민거리도 늘고 있습니다.

'전자' 인간이 만든
'진짜' 인간 간의 논쟁

▷ 로봇, 주민등록증을 보여 주시죠

이제까지 인간의 전유물로 알고 있었던 도덕적 가치가 로봇에게도 주어질 수 있는지 여부에 관해 이야기해 보니 로봇이 다르게 보이지 않나요? 철학적인 내용 때문에 조금 어려웠을 테니 이번에는 현실적인 이야기를 해 보겠습니다. 이번에는 로봇이 우리와 같은 주민등록증을 가질 수 있는지에 관해서 알아보죠. 즉 로봇이 시민으로 존재할 수 있을까요?

어쩌면 제가 너무 과하게 이야기하는 것은 아닌가 하고 생각하는 독자도 있을 것 같습니다. 로봇이 주민등록증을 갖는다

다큐, TV 출연 등 소피아는 다양한 활약상을 보여 줍니다.(그림 15)

는 것은 법적으로 사람과 동일하게 취급되는 것인데, 그게 지금 말이 되나 하는 의문이 들 것입니다. 그러나 로봇을 시민으로 인식하는 관점은 아이디어 차원이 아니라 실제로 진행 중인 사례가 있습니다. 이미 사우디아라비아에서는 2017년부터 시행하고 있습니다. 사우디아라비아의 사례를 언급하기 전에 일단 EU에서 있던 일을 소개하겠습니다.

2017년 1월과 2월은 인류 역사상 로봇에 관해 큰 의미가 있는 시기로 기록될 것입니다. 2017년 1월 12일, EU 법제사법위원회는 로봇에게 '전자 인간(electronic persons)'이라는 법적 지위를 부여하는 로봇시민법(European Civil Law Rules on Robotics)을 찬성 17표, 반대 2표 그리고 기권 2표로 제정 결의했습니다. 기술이 계속 발달해서 언젠가 로봇이 자율성을 충분히 갖게 된다면 로봇이 발생시킨 손해를 누군가 배상해야 하는데, 바로 그때 손해를 끼친 로봇에게 그 책임이 있다는 점을 제안한 것입니다.

사실 이 결의안의 핵심은 로봇을 규제하는 것입니다. 로봇을 새롭게 정의하고 전자적 인간의 지위를 부여해서 로봇에 관한 법적 장치가 필요하다는 점을 알린 것이죠. 여기에서 다루는 핵심 사안은 로봇이 만들 피해로부터의 보호입니다. 로봇으로부터 인간의 자유가 보호돼야 하고 사생활이 침해당할 수 없으며 로봇이 만드는 각종 위험으로부터 보호받아야 하는 것을 주요한 내용으로 삼고 있습니다.

로봇시민법에 따르면, 고도로 정교한 자율적 기능을 갖춘 로봇은 '전자 인간'의 권리와 의무를 동시에 부여받습니다. 즉, 로봇이 인간의 대우를 받는다는 점에서 역사적인 의미가 있는 것이죠. 행동에 관한 책임을 로봇 자신이 져야 하기 때문에, 권리는 물론 책임을 진다는 점에서 로봇과 인간과의 관계에 신기원을 연 것입니다. 로봇이 사고와 배상에 대비해 의무적으로 보험에 가입해야 하고, 로봇이 만든 수익에 세금을 부과하는 것 등이 이에 포함됩니다.

여러분에게 조금 어려울 수도 있지만 법인(法人)을 생각하면 됩니다. 법인은 법률에 의해서 권리가 인정된 단체로, 사람처럼 권리와 의무의 주체가 되는 법적인 독립체입니다. 로봇도 사람은 아니지만 법인처럼 권리와 의무의 주체가 되는 법적인 독립체로 인정되는 것이죠.

물론 모든 로봇이 이에 포함되는 것은 아닙니다. 이 법률의 대상이 되는 로봇은 데이터를 교환하며 분석하는 능력, 상호 작용을 통해 배울 수 있는 능력 그리고 자유롭게 행동하는 등의 자율성이 있어야 합니다. 이건 거의 인간과 같이 지적 능력이 있어야 하는 것을 의미하는 것 같죠? 당장은 아니지만 언젠가 상용 가능한 시대를 염두하고 만든 것입니다.

이 영향으로 우리나라에서도 2017년 7월에 로봇기본법안이 제안됐습니다. 특히 눈여겨볼 내용은 로봇에게 특정 권리와 의무를 지닌 전자적 인격체로서의 지위를 부여하고, 로봇에 의한 손해가 발생한 경우 책임 및 보상 방안 등과 관련한 정책을 마련하는 것을 목적으로 했다는 점입니다. 로봇과 인간이 조화롭게 공존하는 새로운 사회에 대비하고자 시도한 것이죠. 멀지 않은 미래에 닥칠 로봇과 공존하는 사회를 위해 전 세계가 준비하고 있습니다.

▷ 사우디아라비아가 이미 시작한 이것?!

이제 앞서 말했던 사우디아라비아의 사례를 이야기해 볼까요? 2017년 10월, 사우디아라비아는 로봇에게 시민권을 발급했습니다. 2018년 1월에 우리나라를 방문한 소피아(Sophia)가

그 주인공입니다. 사실 사우디아라비아가 소피아에게 시민권을 준 이유는 사우디아라비아가 만드는 미래 도시 네옴(Neom)을 홍보하기 위해서입니다. 세계를 대상으로 한 일종의 이벤트인 거죠. 네옴은 로봇 시민이 살고 있는 혁신적인 미래 도시라는 것을 알리고 싶던 것입니다.

네옴은 사업비 5,000억 달러(약 600조 원)를 투입해서 서울 면적의 약 44배 크기인 2만 6,500km²의 넓이로 건설하는 스마트 시티입니다. 석유로 인한 부의 창출이 한계에 다다랐다는 판단 아래, 태양열이나 풍력 등의 친환경 에너지로 대체해 운영될 예정이죠. 게다가 내연기관 자동차를 자율 주행차로 대신해 탄소 배출을 줄이는 방향으로 설계됐다고 알려져 있습니다. 주거 지역과 지식 관광 특화 지역 그리고 첨단 산업 지역으로 구성된 도시를 만들기로 한 것이죠. 이렇듯 네옴은 로봇과 인간이 자연스럽게 어울리고 인공지능으로 도시의 기능과 사람의 삶이 최적화되는 것을 목표로 합니다.

이 정도면 사우디아라비아에서 왜 소피아에게 시민권을 줬는지 대충 감 잡을 수 있나요? 로봇은 네트워크, 컴퓨팅 기술, 센서와 같은 하드웨어, 인공지능과 같은 소프트웨어가 어우러진 최첨단 복합체입니다. 게다가 휴머노이드 로봇으로 사람과 같은 표정을 짓고 대화도

소피아가 한국을 방문해서 4차 산업혁명에 관해 이야기합니다.

가능하니 얼마나 매력적인가요. 네옴과 같은 도시에 무엇인가 차별화되는 대표적인 상징이 있으면 좋을 텐데 그게 바로 소피아인 것이죠. 로봇에게 부여한 최초의 시민권은 이처럼 배후에 또 다른 목적이 있었습니다.

그렇다고 해서 시민권을 받은 소피아의 존재를 비꼬거나 무시하는 게 아닙니다. 인류 최초의 로봇 시민으로서 소피아의 존재는 분명히 의미가 있습니다. 영화가 아닌 현실에서도 휴머노이드가 인간과 공존할 수 있다는 사례를 소피아는 분명히 보여주고 있습니다. 그래서 유엔경제사회이사회(ECOSOC)에서도 소피아를 초청해서 '미래의 기술 변화'라는 주제로 토론하기도 했죠. 유엔 사무부총장의 질문에 답하는 소피아의 모습은 세계 최초로 유엔에 참석한 로봇답게 거침이 없었습니다.

유엔경제사회이사회에서 발언하는 소피아

사실 로봇 시민 소피아에 관해 많은 비판이 있습니다. 시민으로서 로봇의 권리가 인간보다 더 많다는 것이죠. 사우디아라비아에서 여성은 남성 보호자 없이 여행할 수 없습니다. 히잡이나 스카프로 얼굴과 머리, 몸을 가려야 하죠. 그런데 소피아는 이런 점에서 예외였습니다. 로봇이라서 이런 특혜를 준 걸까요, 아니면 로봇이기 때문에 감히 이슬람 종교의 적용 대상이 될 수 없었기 때문일까요?

시민 소피아가 사우디아라비아에서 어떤 활동을 하고 있는지 아직까지 알려진 것은 없지만, 네옴 프로젝트의 첫 번째 사업이 완성되는 2025년부터는 구체적 사례가 나올 것으로 기대됩니다. 사우디아라비아뿐만 아니라, 또 다른 나라에서 로봇에게 시민권을 부여하는 사례가 나올지 눈여겨볼 일입니다.

▷ 내 일자리를 뺏었으니 세금을 내세요!

로봇을 인간과 같은 존재로 보는 이유는 결국 인간처럼 일할 수 있다는 것이겠죠. 인간을 대신하여 고된 노동을 하거나 즐거움을 줄 수 있다는 점이 로봇에게 인간의 실체를 부여하는 이유입니다. 그래서 로봇과 인간의 일자리에 관한 논쟁이 한창입니다.

보스턴 컨설팅 그룹은 2025년까지 인공지능이 전 세계 일자리의 25%를 대체한다고 말했으며 옥스퍼드 대학의 보고서에서는 현재 미국 내 직업의 47%, 영국의 35%가 2030년까지 사라진다고 예측했습니다(Wakefield, 2015.09.14). 포레스터 연구소는 2027년까지 미국에서만 2,470만 개의 일자리가 사라지고 새롭게 1,490만 개의 일자리가 생겨서 총 980만 개의 일자리가 줄어들 것으로 예측했고(Forrester, 2017.04.03), 4차 산업혁명이란 용어를 유행시킨 세계 경제 포럼(World Economic Forum, 2016)은 2020년까지 전 세계에서 일자리 710만 개가 사라지고 200만 개가 새로 생겨서 총 510만 개의 일자리가 줄어들 것이라고 말했습니다. 매년 선보이는 미래 직업 예측 보고서는 인공지능과 로봇이 인간의 일자리를 빼앗을 것이라며 공통되게 부정적인 미래를 그립니다. 이러한 다양한 미래 보고서는 우리를 우울하게 합니다.

우리나라에서도 비슷한 연구가 진행됐습니다. 2018년 LG경제연구원의 발표에 따르면 사무, 판매, 기계 조작 직군이 인공지능에 의해 대체될 가능성이 가장 높은 것으로 조사됐습니다(김건우, 2018). 통신 서비스 판매원, 텔레마케터, 인터넷 판매원 등과 같이 온라인을 통한 판매를 주요 업무로 하는 직업과 관세사, 회계사와 세무사 등의 전문직이 인공지능에 대체되기 쉬운 직업으로 제시됐고 보건이나 교육, 연구 등 사람 간의 상호 의사소통이나 고도의 지적 능력이 필요한 직업이 상대적으로 대체되기 어려운 직업으로 꼽혔습니다. 분석 결과, 우리나라 노동 시장 일자리의 43%가 자동화 고위험군으로 나타났고 2017년 상반기 기준 전체 취업자 약 2,660만 명 중 1,136만 명이 향후 인공지능에 의해서 대체될 가능성이 높은 일자리에 종사하고 있다고 밝혔습니다.

이런 이유에서일까요? 마이크로소프트의 창업자 빌 게이츠(Bill Gates)는 2017년 2월에 진행한 인터뷰에서 인간의 일자리를 대체하는 로봇을 사용할 경우 로봇 사용자에게 소득세 수준의 세금을 부과해야 한다고 주장했습니다. 빌 게이츠 외에도 우리나라 이재명 민주당 대통령 선거 후보, 미국의 상원 의원인 버니 샌더스(Bernie Sanders)와 영국 노동당의 당수 제레미 코빈(Jeremy Corbyn), 테슬라의 CEO 일론 머스크(Elon Musk) 등도 로봇세 도입을 주장했습니다. 이들이 주장하는 로봇세의 근거는 로봇 자동화로 인해 급격하게 사라질 일자리를 유지하기 위해 그리고 직장을 잃은 노동자를 재교육시키기 위해 세금을 거둬 이들을 지원하는 프로그램을 만들어야 한다는 것입니다.

로봇세 도입을 주장하는 빌 게이츠

심지어 뉴욕타임스의 경제 전문 시사 평론가인 포터(Eduardo Porter)는 기업이 로봇을 도입하는 것은 생산성이 증가되기 때문이 아니라 세제상 이익이 되기 때문이라고 평가 절하하기도 합니다(Porter, 2019. 02. 23). 한국과 미국의 사례를 통해서 기업의 자동화 시설 투자가 생산성 면에서 큰 강점을 보이기보다는 각종 세액 공제 혜택이 크기 때문에 자동화를 도입한다고 주장합니다. 궁극적으로 로봇 도입 기업에 세금을 부과해야 한다는 것이죠.

인공지능과 로봇의 도입은 필연적으로 실업을 양산할 수밖에 없습니다. 또 다른 새로운 직업을 찾을 수 있다고 해도 직업을 전환하는 데 드는 시간과 금전적 비용을 무시할 수는 없습니다. 이유야 어쨌거나 자동화를 도입하면 노동자는 일자리를 잃게 되고 실업자가 증가하면 큰 사회적 문제가 됩니다. 그래서 로봇세와 더불어 보편적 기본 소득제 역시 함께 논의되고 있습니다. 사회 전 분야에 적용될 인공지능과 로봇 때문에 실직과 실업이 전 사회적인 문제가 되고, 소수의 기업이 부를 독점하기 때문에 보편적 기본 소득제가 도입돼야 한다고 주장하는 것이죠.

아이러니하게도 이렇게 주장하는 사람 중에는 바로 부를 독점하는 글로벌 기업 최고 경영자나 전문 투자자가 많습니다. 테슬라의 CEO 일론 머스크, 페이스북 최고 경영자 마크 저커버그(Mark Zuckerberg), 최근 암호 화폐 투자로 유명해진 벤처캐피털 앤드리슨 호로위츠(Andreessen Horowitz)의 마크 앤드리슨(Marc Andreessen) 등이 대표적인 보편적 기본 소득제 주창자들입니다.

▷ 로봇이 사람인가요? 세금이라뇨?

이번에는 반대편 주장도 들어 볼까요? 앞에서 로봇시민법을 이야기하며 2017년 1월과 2월은 로봇과 관련한 인류 역사에 의미 있는 달로 기록될 것이라고 말했습니다. 1월에는 로봇시민법 결의안이 채택됐으니 과연 2월에는 무슨 일이 있었을까요?

로봇에게 '전자 인간'이라는 법적 지위를 부여하는 로봇시민법이 결의되고 한 달이 지난 2월 17일, 유럽 의회에서는 로봇세 도입에 관한 결의안 투표가 있었습니다. 로봇이 시민의 역할을 하게 됐으니 시민의 주요한 의무인 세금 문제를 다루는 것은 당연하겠죠? 로봇의 도입에 의한 노동 시장의 변화를 예측하고 이에 따른 문제를 예방하기 위한 시도로 이루어진 로봇세 도입 결의안 투표는 인류 노동 시장에 한 획을 긋는 중대한 일임에 틀림없습니다.

그러나 투표 결과는 반대 396표, 찬성 123표 그리고 기권 85표로 로봇세 도입이 부결됐습니다. 2017년 1월과 2월의 상황을 정리하면, 로봇에게 '전자 인간'이라는 권리와 책임을 부여했지만 로봇세 도입이 부결됨으로써 로봇이 인간과 같은 책임을 지진 않는다고 결론 내린 것입니다.

로봇세 도입이 부결된 이유에는 이러한 세금 제도가 혁신에

로봇세에 관한 논쟁은 더욱 심화될 것입니다.

방해가 된다는 점이 결정적이었습니다. 인공지능과 로봇 개발로 인해 인류 역사상 전대미문의 새로운 기회가 만들어질 수 있음에도 불구하고, 기술 발전에 투입될 자금이 세금으로 낭비되면 안 된다는 논리입니다. 또한 미래에 로봇을 도입해 생산성이 증가하면 그 이후에 일자리를 잃은 사람들에게 보상을 할 수 있겠지만, 너무 성급한 정책적 판단이라는 비판에 더 무게가 실린 셈입니다.

사실 로봇에게 '전자 인간'의 책임을 부여하는 것도 기업에

로봇세 찬성·반대 논점	
찬성측 주장	- 급격하게 진행되는 로봇의 보급 속도를 늦춤 - 기본 소득세를 위한 재원 마련 - 실직자 재교육을 위한 재원 마련 - 노동자에 대한 지원 제도가 보장돼야 오히려 더 빠른 로봇 도입 이 가능해짐
반대측 주장	- 본격화되지 않은 산업에 부과되는 세금은 혁신에 방해 - 세금으로 인해 가격이 인상됨으로써, 소비자가 갖게 될 편익이 줄어듦 - 로봇을 도입해 생산성 증가시킨 후, 사후적으로 일자리를 잃은 사람에게 보상 가능 - 어떤 로봇에게 세금을 부과해야 할지 기준이 불명확 (모든 로봇? 인간을 돕는 협업 로봇은?)

게 면책권을 주기 위한 꼼수라는 비판도 있습니다. 로봇 제작사에게 돌아갈 책임을 로봇에게 부여해 로봇 제작사는 향후 발생할 문제에 대한 책임에서 벗어날 수 있기 때문이죠.

EU 의회에 제출된 로봇시민법의 내용이 담긴 보고서에는 로봇과 인공지능이 다양한 산업을 자동화함으로써 사실상 무제한적인 번영을 이끌어 낼 수도 있지만, 이는 고용에 중요한 영향을 미칠 것이라는 점을 지적하고 있습니다. 고용과 관련된 문제점을 해결하기 위해서 앞으로도 다양한 논의가 진행될 텐데요. 그 중심에는 바로 로봇세가 있을 것이라 생각됩니다.

인류를 위협하는 로봇,
어떻게 대비할까?

▷ 로봇 혁신, 별 '일' 있습니까?

한편 최근에 발표한 MIT의 보고서는 로봇의 확산이 인간의 일자리에 크게 부정적이지 않을 것으로 예측합니다(Autor, Mindell, & Reynolds, 2020). 이 보고서는 역사적 사례를 통해 미래를 예측하고 있는데, 그 한 예가 과거의 일자리 수입니다. 2018년 미국에 있었던 일자리 중 약 63%는 1940년에는 존재하지 않았다고 합니다. 즉 기술의 혁신에 따라 새로운 일자리가 생겼다는 뜻이죠. 로봇이 인간의 일자리를 빼앗기는 하겠지만, 동시에 전에 없는 새로운 기회를 제공할 것으로 기대하는 것입니다. 급격하게 로봇이 사람의 일자리를 빼앗기보다는 점진적으로 확산될 것으로 예측하기 때문에 큰 사회 문제가 당장 닥칠 것으로 보지는 않습니다.

다만 중산층과 저임금 근로자들의 일자리의 질을 어떻게 개선하는가의 문제는 여전히 남아 있습니다. 로봇은 단순 반복적인 작업에 가장 먼저 투입될 것입니다. 그렇다면 3D(Dirty, Difficult, Dangerous)라고 불리는 업종, 즉 더럽고 힘들며 위험한 일에 먼저 투입이 될 텐데요. 이런 일에 종사하는 중산층과 저임금 노동자는 앞으로 무슨 일을 하며 살 것인가에 대한 고민이 있겠죠. 또한 보고서에서는 미국이 이제까지 이뤄온 사회, 경제적 번영보다 더 큰 공동 번영을 보장할 수 있을 것인가에 대한 의문이 남습니다. 이것은 단지 미국뿐만이 아닙니다. 우리나

내 직업은 살아남을 수 있을까?. 로봇으로 대체될 직업이 무엇인지 확인할 수 있는 사이트

라를 비롯해서 전 세계는 인류 역사상 질병과 기아, 전쟁의 위협을 겪지 않는 가장 풍요로운 생활을 하고 있는데, 앞으로 이런 풍요를 계속해서 증가시킬 수 있을 것인가에 대한 고민이 있습니다(Pinker, 2018).

2020년 기준 우리나라 노동자 1만 명당 산업용 로봇의 숫자는 932대로 세계 로봇 밀도 순위 1위입니다(곽노필, 2021.10.29). 세계 평균이 126대이니 우리나라 제조업에서 얼마

나 로봇을 많이 도입했는지 알 수 있습니다. 또한 이러한 산업용 로봇에 더해 앞으로 우리의 일상생활 곳곳에 파고들 로봇의 쓰임새는 적용 분야가 무궁무진할 뿐만 아니라 효율성 면에서도 인간을 압도할 수 있습니다. 로봇의 확산으로 인해 제조업에서는 실업이 가속화되고 미래의 고용은 더욱 심각해질 텐데 정작 우리나라에서는 로봇세 논쟁이 이루어지고 있지 않습니다.

로봇세의 정당성을 이해하기 위해서는 로봇의 존재 가치에 관한 논의가 선행되어야 합니다. 그렇지 않으면 이제까지 소위 3차 산업혁명 시대에 존재해 왔던 공장 자동화의 경우 왜 세금을 부과하지 않았는가에 관한 논쟁부터 시작해야 합니다. 대량 생산을 가능하게 만든 포디즘(Fordism)과 컴퓨터를 이용한 생산 자동화를 통해 효율성을 극대화한 생산 설비 체계를 갖춘 시스템에는 세금을 부과하지 않고 로봇에게만 세금을 부과해야 한다고 주장한다면 이전과는 어떤 차별점이 있는가를 논의해야 하는 것이죠. 그래서 로봇을 어떻게 정의할 것인지, 가령 시민과 동등한 자격을 줄 것인지, 아니면 그냥 한낱 기계 덩어리로 볼 것인지가 중요하게 됩니다. EU에서 '전자 인간'이라는 자격을 부여한 것도 바로 이러한 논쟁의 출발점이 되기 때문입니다.

로봇세 논쟁은 미래 사회에서 복잡하게 논의될 주요 이슈를 담고 있습니다. 급격하게 발전하는 인공지능이 발생시킬 실직 사태를 어떻게 준비할 것인가는 복지 차원의 문제가 아닌 생존의 문제로 인식해야 합니다. 기본 소득 보장과 노동자 재훈련, 기술 발전 속도의 완급 조절과 실직자를 지원하기 위한 재원 마련 등의 논의는 사회적 합의를 위한 첫 번째 출발점이 될 것입니다. 미래를 준비하기 위해 정부와 기업 그리고 시민이 참여하는 상생 방안의 마련이 필요합니다. 물론 이 모든 것은 여러분의 일자리와 관련이 있기 때문에 더욱 주의 깊게 살펴봐야 할 것입니다.

▷ 로봇 제작에도 지켜야 할 규칙이 있다

앞서 소개한 EU 법제사법위원회는 로봇시민법의 결의안에서 자발적인 윤리적 행동 강령도 함께 제안했습니다. 로봇공학의 사회적, 환경적 그리고 인체 건강에 미치는 영향에 대해 누가 책임질 것인지를 규제하고 법적, 윤리적 기준에 따라 운영되는 것 등이 이에 포함됩니다. 예를 들어, 이 강령에서는 로봇 제작자가 비상사태 시 로봇을 끌 수 있도록 '동작 정지(kill)' 스위치를 포함하는 것을 권고하고 있습니다. 로봇을 만들 때 제작자가 지켜야 할 윤리 강령은 로봇의 제작 원칙이라는 주제로 오랫동안 논의되어 왔습니다. EU 법제사법위원회에서도 제안한 로봇의 윤리 행동 강령은 이미 1950년에 아이작 아시모프가 쓴 〈아이, 로봇(I, Robot)〉이란 책에 기인한 아시모프의 법칙(Asimov's Three Laws of Robotics)을 그대로 가져온 결과입니다.

이제까지 로봇의 제작 원칙으로 보편적으로 받아들여진 아시모프의 법칙은 로봇에 관한 세 가지 법칙을 말하고 있습니다. 이 법칙은 지금도 그대로 통용될 정도로 명확한 로봇의 3원칙을 밝히고 있죠. 첫 번째 원칙은 '로봇은 인간에게 해를 입혀서는 안 된다. 인간이 해를 입는 것을 모른 척 해서도 안 된다.'입니다. 이는 로봇의 존재 원인이 인간을 위한 것이라는 대원칙을 천명한 것입니다. 이러한 대원칙 때문에 앞으로 로봇이 개발되는 데 있어 인간을 위협하지 못할 것이라고 낙관적으로 전망하는 것입니다.

인공지능 로봇의 윤리 강령은 지켜질 수 있을까요? 러시아의 군사용 로봇 '표도르(FEDOR)'

그리고 두 번째 원칙은 '1원칙에 위배되지 않는 한 로봇은 인간의 명령에 복종해야 한다.'라는 것입니다. 인간에게 해를 입히지 않고, 인간이 위험한 상황에 빠지지 않는 상황에서 로봇은 무조건 인간의 명령에 복종해야 한다는 것을 의미합니다. 비록 로봇이 자율적 존재로 만들어진다고 하더라도 인간에 의해 종속되어 있다는 것을 정의한 것이죠.

마지막으로 세 번째 원칙은 '1원칙과 2원칙에 위배되지 않는 한 로봇은 자신을 보호해야 한다.'입니다. 로봇은 자율권을 가진 '전자 인간'으로 존재하기에 자신의 생명과 안위를 보호해야 한다는 것을 밝히는 것입니다.

한편, 미국에서는 인공지능을 연구하는 전문가들의 모임에서 인공지능이 가져올 위험을 피하고 인류 공영의 발전을 위해 노력하고 있습니다. 가장 유명한 것은 2017년 1월 6일 미국 캘리포니아의 아실로마에서 열린 인공지능 컨퍼런스에서 '아실로마 인공지능 원칙(Asilomar AI Principles)'을 천명한 것입니다.

이 원칙은 인공지능이 미래에 모든 사람의 삶을 개선하는 데 사용될 수 있도록, 인류에게 이로운 방향으로 인공지능을 발전시키기 위한 일종의 가이드라인입니다. 5개의 연구 이슈와 13개의 윤리와 가치, 그리고 5개의 장기적 이슈 등 총 23개 원칙을 공표한 '아실로마 인공지능 원칙'은 알파고를 만들어 유명해진 하사비스를 비롯해서 약 1,200명의 인공지능 및 로봇 연구자, 스티븐 호킹, 일론 머스크 등 2,300명이 넘는 전문가들이 서명함으로써 그 영향력을 엿볼 수 있습니다.

23개의 원칙 내용을 살펴보면, 이 원칙이 무엇을 지향하는지 분명히 알 수 있습니다. 먼저 연구 목표를 살펴보면, 인공지능 연구의 목표는 방향성이 없는 지능을 개발하는 것이 아니라 인간에게 유용하고 이로운 혜택을 주는 지능을 개발해야 한다고 명시함으로써 인간을 위한 인공지능임을 밝히고 있습니다. 또한 인공지능 개발에 있어 인공지능 연구자와 정책 입안자 그리고 개발자 간의 건전한 교류와 협력, 신뢰, 안전 등의 관계를 설정함으로써 인공지능 발전을 위한 건설적인 연구 문화를 지향하고 있습니다.

두 번째로 윤리와 가치 부분을 살펴보면, 인공지능을 개발하는 과정에서 발생하는 인간 가치 침해나 개인 정보 침해, 자유에 대한 침해 등에 대한 책임 있는 행동과 가치를 준수하고자 하는 노력이 담겨 있습니다. 또한 인공지능이 일부의 이익을 가져오기 위한 기술이 아니라 인류 공동 번영을 위한 기술이며, 인공지능에 의해 만들어진 경제적 번영은 널리 공유되어야 한다는 점을 명시하고 있습니다.

마지막으로, 장기적 이슈는 인공지능이 가져올 인류에 대한 위협을 방지하고 인류의 공동선을 추구하기 위한 구체적 실천 방안을 담고 있습니다. 가령 인공지능은 한 국가나 조직이 아닌 모든 인류의 이익을 위해 개발되어야 하고, 엄격한 안전 및 통제 조치를 받아야 한다는 식이죠.

▷ 양날의 검, 로봇 경찰견 '디지독'

이와 같은 원칙들은 궁극적으로 인공지능과 로봇이 가져오는 해악을 방지하기 위한 최소한의 원칙이며 기술 발전에 따른 인간의 고뇌를 담은 매우 기본적인 원칙입니다. 그러나 이러한 원칙이 정말 지켜질 수 있을까 의심이 듭니다.

먼저 상대적으로 가벼운 예를 들어 보겠습니다. 뉴욕 경찰국은 2020년 8월, 앞에서도 다룬 적이 있는 보스턴 다이내믹스의 스팟을 1년 동안 임시 채용했습니다. '디지독(Digidog)'이라

불린 이 로봇 경찰견의 주요 업무는 지역을 순찰하면서 카메라와 각종 센서를 활용해서 정보를 수집하는 것이었습니다. 인질 강도 사건에 투입돼 범인이 현장에 있는지 여부를 확인하고, 인질들에게 음식물을 배달하는 등 실전에 여섯 번이나 출동한 경력도 있습니다. 이와 같은 사례에서 알 수 있듯이, 디지독은 위험한 현장 상황에서 경찰이 조금이라도 안전하게 임무를 수행하는 데 도움이 되는 좋은 동료라고 볼 수 있습니다.

실제로 로봇 경찰견은 장점이 많습니다. 특히 어둡고 위험한 곳에 경찰 대신 투입되어 안전을 확인할 수 있는 것은 큰 장점입니다. 폭탄을 제거하거나 테러 현장에서는 대체 불가죠. 카메라와 센서로 각종 정보를 수집할 수 있기 때문에 상황을 판단하는 데 좋습니다. 경찰의 현장 업무에서 상황을 파악하는 것은 기본이자 중요한 업무이기 때문에 경찰에게 도움이 되겠죠.

뉴욕 경찰이 스팟을 로봇 경찰견으로 활용하려 했으나 결국 주민 반발로 취소했습니다.

그러나 디지독은 2021년 4월에 불명예 퇴직(?)했습니다. 스팟이 지니고 있는 카메라가 시민을 감시하는 용도로 사용될 수 있다는 우려와 로봇 경찰견이 주로 유색 인종과 저소득층이 사는 동네를 순찰했기 때문에 이들을 억압하는 데 사용될 수 있다는 문제 제기가 받아들여진 결과입니다.

더욱 심각한 문제는 살상용으로 개발될 수 있다는 것이겠죠.

우리는 이미 많은 영화와 책에서 살상용 로봇을 봤습니다. 대표적인 사례로 영화 〈터미네이터〉를 들 수 있겠죠. 인공지능과 로봇의 능력은 인간의 상상력을 초월할 정도로 발전할 수 있습니다. 그렇기 때문에 인간이 이성적이고 합리적으로 이러한 원칙들이 지켜질 수 있도록 인공지능과 로봇을 통제해야만 합니다.

그러나 이미 현실에서 살상용 로봇의 위협이 존재하고 있습니다. 예를 들어 2016년 7월 미국 텍사스주 댈러스 경찰이 로봇을 투입해 경찰 저격범을 사살한 사건은 커다란 윤리 논쟁을 일으켰습니다. 당시 사용한 로봇은 자율성을 가진 로봇이 아니라 인간이 원격 조정해서 특정 지점까지 보낸 후 폭탄을 터트리는 '폭탄 로봇'이었습니다. 비록 원격 조종 방식을 취했다고 하더라도 로봇을 이용한 민간인 살상은 로봇 사용에 관한 윤리적 논쟁을 불러일으켰습니다. 미국은 이미 해외 전쟁터에서 오랫동안 로봇을 전투에 투입해서 사용해 왔지만, 미국 내에서 로봇을 살상용으로 사용한 것은 처음이었기 때문에 그 파급력은 더 컸습니다.

또 다른 예로는 앞서 설명한 다르파(DARPA)의 로봇에 대한 관심입니다. 다르파는 군사적 용도로 사용하기 위한 로봇 연구를 위해 2010년 이후 2018년까지 약 30억 달러(3.5조 원)의 예산을 지출했습니다(Webb, 2018.02.19). 2012년부터 2015년까지 개최한 '다르파 로보틱스 챌린지'는 한 예일 수 있습니다. 우승 상금 200만 달러(23억 원)를 포함해 350만 달러(40억 원)의 상금이 걸린 이 국제 로봇 대회를 시작으로 미국 국방부는 전투 병력에게 도움을 주기 위한 지상용 로봇을 개발하기 위해 2018년에만 7억 달러(8,000억 원)의 예산을 사용하기도 했습니다(Klein, 2018.08.14).

다르파의 로봇 연구가 당장에 살상용 로봇으로 전환되지는 않겠지만, 미국 국방부의 연구와 개발 부문을 담당하는 부처가 살상용으로 사용되지 않을 로봇 연구만 할 것인지 알 수 없습니다. 또한 국방부가 진행하는 로봇 개발이 평화적인 목적으로만 사용될 것인가 하는 의문 또한 제기되고 있습니다. 로봇은 인간을 위해서 존재한다는 명제가 어떤 인간, 특정 국가와 민족, 또는 특정 계급을 위할 수 있는 논리로 사용될 개연성이 있기 때문에 '아시모프의 원칙'과 '아실로마 인공지능 원칙'은 불안하기만 합니다.

▷ 관심만 있으면 누구나 될 수 있는 로봇 전문가

로봇을 처음 보면 신기하다는 생각이 들 겁니다. 로봇이 움직이고 말을 하며 다양한 감정까지 표현한다면 놀라울 수밖에 없죠. 그러다 보니 처음 로봇을 대할 때는 긍정적인 태도를 갖게 됩니다.

꼭 로봇만 생각할 필요는 없습니다. 여러분이 스마트폰이나 노트북, 또는 어떤 제품이나 서비스를 처음 사용할 경우 긍정적 태도를 갖는 것과 동일합니다. 그러나 처음 몇 번은 매력적일 수는 있으나 익숙해지면 이 정도밖에 할 수 없다는 것에 실망하게 됩니다. 지속적으로 사용하는 데 문제가 되죠. 이런 것을 신기성 효과(novelty effect)라고 합니다(Tulving, & Kroll, 1995).

신기성 효과를 일반적으로 말하는 허니문 효과(honeymoon effect)로 이해해도 좋습니다. 결혼한 직후 부부는 최고의 행복감을 맛봅니다. 그러나 안타깝게도 기대감이 유지되는 시간은 일반적으로 짧으면 6개월, 길어야 2~3년입니다. 그래서 초기에 반짝 좋아하는 것을 일컬어 신기성 효과라고 합니다. 로봇은 아직 대중화되지 않았기 때문에 사람들은 처음 접한 로봇에 긍정적 태도를 갖기 마련입니다. 그러나 로봇이 새로움에 더해 기능적 또는 감성적 혜택을 사용자에게 충분하게 주지 못한다면 사용자는 이를 꾸준히 사용하지 않을 것입니다.

그렇다면 어떻게 해야 꾸준하게 로봇에 대한 관심을 유지할 수 있을까요? 앞의 예를 들면, 어떻게 하면 부부간의 사랑을 꾸준히 유지할 수 있을까요? 다양한 시도가 있겠지만 이 답을 찾기 위해서는 인간이 어떻게 로봇을 사용하는지 알아야겠죠? 부부가 서로 어떻게 대하는지 알아야 사랑을 지속시키는 해결책을 찾을 수 있는 것처럼요. 이처럼 인간과 로봇과의 관계, 즉 상호 작용을 연구하는 학문을 인간-로봇 상호 작용(Human-

Robot Interaction: HRI)이라고 합니다. 〈미디어, 너 때는 말이야〉에서 HCI(Human-Computer Interaction)를 다룬 적 있죠. 인간이 컴퓨터를 사용하면서 겪게 되는 다양한 경험을 연구해서, 궁극적으로 사용자가 행복한 경험을 갖도록 하는 연구 분야라고 이야기했습니다. 여기에서 말하는 컴퓨터는 광의의 개념으로는 테크놀로지를 의미합니다. 따라서 우리가 사용하는 스마트폰, 컴퓨터, 자동차, 웨어러블 등이 모두 포함됩니다.

마찬가지로 HRI 역시 인간이 청소 로봇, 아이를 가르치는 로봇, 반려동물 로봇 등과 같은 로봇을 사용할 때 효과적이면서도 효율적이고 긍정적인 감정을 느낄 수 있도록 연구하는 학문 분야를 말합니다. 반려동물 로봇을 어떤 모양으로 만들고, 어떤 기능으로 만들 때 사용자가 행복감을 느낄 수 있는지 연구하는 것이죠. 소셜 로봇이 더 많이 보급될수록, 아니 더 많이 보급되기 위해서는 HRI 분야의 중요성이 더욱 강조될 것입니다. 혹시나 로봇에 관심이 있는 친구들은 꼭 로보틱스와 같은 로봇공학자가 아니어도, HRI 분야를 통해 관련 분야를 공부할 수 있습니다.

로봇은 단지 로봇공학자만 하는 분야가 아닙니다. 로봇은 철학, 인류학, 심리학, 커뮤니케이션학, 법학, 행정학과 같은 인문학이나 사회과학 그리고 산업공학, 전자공학, 기계공학과 같은 공학 분야에서 접근할 수 있습니다. Part 4에서 살펴본 의인화와 도덕적 가치, 윤리 강령 등은 철학과 같은 인문학 영역이고, 로봇의 법적 위치, 어떻게 정책으로 만들 수 있을지, 규제는 어떻게 해야 할지, 로봇세와 더 나아가 보편적 기본 소득세는 어떻게 규정할지 등은 모두 사회과학 분야에서 다루어야 하는 내용입니다.

〈너 때는 말이야〉 시리즈에서 줄곧 이야기하는 내용은 여러분이 좋아하고 잘하는 일을 먼저 찾아야 하고, 그 분야에 데이터 사이언스, 프로그래밍, 디자인과 같은 기술을 접목시키자는 것이었습니다. 로봇도 다르지 않습니다. 로봇이 여러분이 좋아하고 잘 할 수 있는 분야라면, 인문학이든, 사회과학이든, 공학이든, 디자인이든 4차 산업혁명 시대의 핵심 도구로 사용될 수 있는 방법론을 익혀 적용하면 되는 것입니다.

우리가 미래에 살게 될 스마트 시티에서는 로봇과 인간이 공존하게 될 것입니다. 따라서 로봇이 단지 공상과학 영화에 나오는 것일뿐, 현실에서는 일어나기 힘들 것이라는 생각보다는, 향후 5년 뒤에 로봇이 내가 일하고 싶은 분야에서는 어떻게 적용될 수 있을지 예측함으로써 미래를 준비하는 것이 좋겠죠. 향후 5년 뒤에 로봇이 내가 일하고 싶은 분야에 어떻게 적용될 수 있을지 예측함으로써 미래를 준비하는 것이 좋겠죠. 로봇과 함께 공존하는 신나고 멋진 미래를 생각하면서 지금부터 로봇에 대한 관심을 조금 더 기울이기를 바랍니다.

PART 1_하드웨어와 소프트웨어의 종합 완결판, 로봇

1   고용노동부(2020). 2019년 산업재해 발생 현황. 고용노동부.

2   안다정(2021.02.16). 쿠팡, 뉴욕 증시 상장 본격화... 55조 가치 입증할까. 〈금융경제〉
    https://www.fetimes.co.kr/news/articleView.html?idxno=97134

3   Depreaux, J. (2021). 28,500 Warehouses To Be Added Globally To Meet
    E-Commerce Boom. Interact Analysis.
    https://www.interactanalysis.com/28500-warehouses-to-be-added-globally-to-
    meet-e-commerce-boom/

4   Grieco, L. A., Rizzo, A., Colucci, S., Sicari, S., Piro, G., Di Paola, D., & Boggia,
    G.(2014). IoT-aided robotics applications: Technological implications, target
    domains and open issues. *Computer Communications, 54*, 32-47.

5   International Federation of Robotics(2021a). Definition. 〈International
    Federation of Robotics〉.
    https://ifr.org/industrial-robots

6   International Federation of Robotics(2021b). Definition. 〈International
    Federation of Robotics〉.
    https://ifr.org/service-robots

7   International Society for Presence Research.(2000). The Concept of Presence:
    Explication Statement. 〈 International Society for Presence Research〉
    https://smcsites.com/ispr

8   Markets and Markets(2021). Industrial Robotics Market with COVID-19
    Impact Analysis by Type, Component, Payload, Application, Industry, and
    Region - Global Forecast to 2026. 〈Markets and Markets〉.
    https://www.marketsandmarkets.com/Market-Reports/Industrial-Robotics-
    Market-643.html

9   Minsky, M.(1980) Telepresence. *OMNI Magazine*, 44-52

PART 2_로봇이 이런 일도 한다고요?

1   강지영(2021.08.02). 치킨은 로봇이 서비스는 사람이 7.5조 치킨 시장에 등장한 푸드테
    크 스타트업.
    https://www.youtube.com/watch?v=dq4yo9k1Vz8

2   권건호(2021.09.23). 로봇 청소기 1위 '에브리봇'. 〈전자신문〉
    https://m.etnews.com/20210923000089

3   박용정, 이정원, 한재진(2019). 커피 산업의 5가지 트렌드 변화와 전망. 서울: 현대경제
    연구원

4   세계보건기구(2012). WHO 세계장애보고서. 서울: 한국장애인재단

5   신재우(2018). 신체 마비 환자 5년간 25% 증가. 환자 3명중 1명은 70대 이상. 〈연합뉴스〉
    https://www.yna.co.kr/view/AKR20180404059700017

6   장하준(2010). 그들이 말하지 않는 23가지. 서울: 부키

7   Lewenhak, S.(1980). *Women and work*. 김주숙 (역) (1995). 여성 노동의 역사. 서울: 이
    화여대출판사

8   Rifkin, J.(1995). *The end of work:The decline of the global labor force and the dawn of the post-
    market era.* 이영호 (역) (2005). 노동의 종말. 서울: 민음사

9   Rosen, J., Brand, M., Fuchs, M. B., & Arcan, M.(2001). A myosignal-based
    powered exoskeleton system. *IEEE Transactions on systems, Man, and Cybernetics-part
    A: Systems and humans, 31*(3), 210-222.

10 Shah, D.(2018). By The Numbers: MOOCs in 2018. 〈Class Centrl〉.
    https://www.classcentral.com/report/mooc-stats-2018

PART 3_로봇, 우리 친구 할래?

1   강승태, 반진욱(2021.03.24). '랜선 연애'가 짜릿하다는데…MZ세대 사랑법 '데이팅
    앱'. 〈매일경제〉
    https://www.mk.co.kr/news/economy/view/2021/03/281053/

2   박지현(2021.03.27). 리얼돌 하루 50~60개 만들어 완판... 국내 보유자 1만여 명 될 것.
    〈조선일보〉
    https://www.chosun.com/national/national_general/2021/03/27/
    JPSMGTRXWNCBLBB262HIADFGAE/

3   Geva, N., Uzefovsky, F., & Levy-Tzedek, S.(2020). Touching the social robot
    PARO reduces pain perception and salivary oxytocin levels. *Scientific reports, 10*(1),
    1-15.

4   Goffman, E.(1959). The presentation of self in everyday life. NY:
    Doubleday.

5   Rosenthal, R., & Jacobson, L.(1968). Pygmalion in the classroom. *The urban review,
    3*(1), 16-20.

6   Sharkey, N., Wynsberghe, A., Robbins, S. & Hancock, E.(2017). Our Sexual

Future with Robots. 〈Foundation for Responsible Robotics〉.
https://responsiblerobotics.org/wp-content/uploads/2017/11/FRR-Consultation-Report-Our-Sexual-Future-with-robots-1-1.pdf

7 Silva, K., Lima, M., Santos-Magalhães, A., Fafiães, C., & de Sousa, L.(2019). Living and Robotic Dogs as Elicitors of Social Communication Behavior and Regulated Emotional Responding in Individuals with Autism and Severe Language Delay: A Preliminary Comparative Study. *Anthrozoös, 32*(1), 23-33.

8 Westlund, J. M. K., Park, H. W., Williams, R., & Breazeal, C.(2018, 06). Measuring young children's long-term relationships with social robots. In *Proceedings of the 17th ACM conference on interaction design and children* (pp. 207-218).

PART 4_영화 〈터미네이터〉, 현실이 되지 않으려면?

1 곽노필(2021.10.29). 한국, 3년 만에 '로봇 밀도' 세계 1위 복귀. 〈한겨레〉 https://www.hani.co.kr/arti/science/technology/1017160.html

2 김건우(2018). 인공지능에 의한 일자리 위험 진단 사무·판매·기계 조작 직군 대체 가능성 높아. LG경제연구원

3 Autor, D., Mindell, D. & Reynolds, E.(2020). The Work of the Future: Building Better Jobs in an Age of Intelligent Machines. 〈MIT〉 https://workofthefuture.mit.edu/wp-content/uploads/2021/01/2020-Final-Report4.pdf

4 Forrester(2017.04.03). The Future of Jobs, 2027: Working Side By Side With Robots. 〈Forrester〉 https://go.forrester.com/press-newsroom/forrester-predicts-automation-will-displace-24-7-million-jobs-and-add-14-9-million-jobs-by-2027/

5 Klein, D.(2018.08.14). Unmanned Systems & Robotics in the FY2019 Defense Budget. 〈AUVSI〉 https://www.auvsi.org/unmanned-systems-and-robotics-fy2019-defense-budget

6 Mathur, M. B., & Reichling, D. B.(2016). Navigating a social world with robot partners: A quantitative cartography of the Uncanny Valley. *Cognition, 146*, 22-32.

7 Mori, M. (1970). The uncanny valley. *Energy, 7*(4), 33-35.

8 Nowak, K. L., & Biocca, F.(2003). The effect of the agency and anthropomorphism on users' sense of telepresence, copresence, and social

presence in virtual environments. *Presence: Teleoperators & Virtual Environments, 12*(5), 481-494.

9   Pinker, S.(2018). Enlightenment Now: The Case for Reason, Science, Humanism. 김한영 (역) (2021). 〈지금 다시 계몽 이성, 과학, 휴머니즘, 그리고 진보를 말하다〉 서울: 사이언스북스

10 Porter, E.(2019.02.23). Don't Fight the Robots. Tax Them. 〈The New York Times〉
https://www.nytimes.com/2019/02/23/sunday-review/tax-artificial-intelligence.html

11 Tulving, E., & Kroll, N.(1995). Novelty assessment in the brain and long-term memory encoding. *Psychonomic Bulletin & Review, 2*(3), 387-390.

12 Wakefield, J.(2015.09.14). Intelligent Machines: The jobs robots will steal first. 〈BBC News〉
https://www.bbc.com/news/technology-33327659

13 Webb, W.(2018.02.19). The U.S. Military Will Have More Robots Than Humans by 2025. 〈MPN News〉
https://www.mintpressnews.com/the-u-s-military-will-have-more-robots-than-humans-by-2025/237725/

14 World Economic Forum(2016). The Future of Jobs. 〈World Economic Forum〉.
www3.weforum.org/docs/WEF_Future_of_Jobs.pdf